XINNENGYUAN BINGWANG JI DIAODU YUNWEI

新能源并网及调度运维

国网宁夏电力有限公司中卫供电公司 组编

中国电力出版社
CHINA ELECTRIC POWER PRESS

内容提要

为了确保新能源电源可靠稳定并网运行，提高新能源场站运行人员的专业知识和技能水平，加强调度运行人员对新能源场站的全面了解，满足广大新能源企业职工的培训需求及新招录的调度人员尽快上岗工作，本书主要针对调度管理、启动投运、新能源预测、调度自动化、调度操作及事故处置等方面内容进行阐述。

本书主要内容包括新能源场站并网验收及启动、功率预测及电压运行、新能源发电自动化技术、新能源继电保护及自动装置运行管理、新能源现场运维管理、新能源调度管理基本操作要求及注意事项、新能源场站反事故措施要求、新能源典型事故案例。

本书可以作为新能源企业管理人员的指导手册，也可以作为新能源场站运行、检修人员的培训教材，同时还可以作为各级调控人员熟悉新能源调度运行的培训教材。

图书在版编目（CIP）数据

新能源并网及调度运维 / 国网宁夏电力有限公司中卫供电公司组编 . — 北京：中国电力出版社，2021.5（2023.3重印）

ISBN 978-7-5198-5509-3

Ⅰ . ①新…　Ⅱ . ①国…　Ⅲ . ①新能源－发电－电力系统规划　Ⅳ . ① TM61

中国版本图书馆 CIP 数据核字（2021）第 054686 号

出版发行：中国电力出版社
地　　址：北京市东城区北京站西街 19 号（邮政编码 100005）
网　　址：http：//www.cepp.sgcc.com.cn
责任编辑：马淑范（010-63412397）马玲科
责任校对：黄　蓓　王海南
装帧设计：赵姗姗
责任印制：杨晓东

印　　刷：北京雁林吉兆印刷有限公司
版　　次：2021 年 5 月第一版
印　　次：2023 年 3 月北京第三次印刷
开　　本：710 毫米 ×1000 毫米　16 开本
印　　张：10.5
字　　数：176 千字
定　　价：56.00 元

本书编委会

主　　任　杨　畅　齐　屹　杨熠鑫

委　　员　陆彦虎　田　炯　王　文　李振东

　　　　　王占琪　田　玮　汪　华　李玉琛

主　　编　杨熠鑫

副 主 编　张　栋

编写人员　马耀东　张怀鹏　张丹杰　韩宁宁

　　　　　张万荣　王世玲　李青君　李　静

　　　　　吴菊萍　毛红霞　张　敏　赵中标

　　　　　刘　炜　殷学农　梁宗裕　王　超

　　　　　雍丽华　邹志勇　赵　胜　魏　鹏

　　　　　麦晓庆　刘晓忠　王文军　刘军福

前　言

新能源发展已经成为当前世界各国转变能源发展、优化能源结构的重要路径。在习近平总书记“四个革命、一个合作”能源安全新战略的指引下，我国的能源转型发展也取得了重大进展。新能源发展更加迅速、应用规模不断扩大，我国正在加速构建清洁低碳、安全高效的能源体系。

随着新能源的快速发展，在一些并网的关键节点（例如6月30日、12月30日等），各新能源企业对并网需求非常紧迫，但许多新能源企业并不了解相关流程规定，造成工作的延误，严重时可能会影响企业利益。同时大量新能源电站投入运行后，新能源场站将面临大量的运行维护工作，但部分新能源场站的运维水平参差不齐，运行管理经验欠缺。

新能源发电存在波动性强、能量密度低和抗扰动能力差的特点，这都对电网安全稳定运行和电力可靠供应提出了新的挑战。如何加强新能源并网运行特性分析，保障新能源电源的安全稳定运行，将会是电网运行控制需要高度重视的问题。

本书的编委中有一线调度人员、检修人员及运行管理人员，都参与了编制。本书在编制过程中参阅了大量的规程规范，目的是从保障电网安全运行的角度，能够详细解读新能源并网的相关流程环节，介绍新能源场站运行维护的相关要求，同时还收集罗列了近年来一些新能源场站的事故案例。希望读者能够通过本书，了解新能源运行管理的要求，进一步提升新能源的运行维护水平。

由于编制时间紧、编制人员技术能力有限，如有疏漏之处，敬请广大读者提出宝贵意见、建议，我们将不断改进完善。

编委会

目录

第 1 章　新能源场站并网验收及启动

新能源场站并入电网需要的相关流程和手续一般较为严谨，很多新能源场站都面临工期紧、抢电价的情况，往往会忽略调度机构的并网验收，然而并网验收又是重要的涉网环节，工作量大，技术标准严格，导致很多新能源场站并网期临近，才发现很多流程环节不清楚、资料准备不充分、验收周期短等情况，影响按期安全并网。新能源场站并网后电气设备的运行操作，异常、故障处置直接影响新能源场站及电网的安全运行。本章主要就新能源场站的并网流程一系列内容，包括涉网资料验收、现场设备验收、并网启动、协议签订、培训考试及新能源场站电气设备运行操作、异常和故障处置等相关内容进行详细介绍，使新能源场站值班人员清晰并网流程，提高并网效率，保障新能源场站科学有序并网；提高新能源场站值班人员电气设备运行操作和异常事故处置能力，保障新能源场站安全可靠运行。

1.1　新能源场站并网验收及启动流程

1.1.1 报验申请及准备工作

新能源场站拟并网前三个月向所在调度机构提出报验申请，报验申请前准备工作须满足以下条件，方可申请并网验收工作：

（1）应具有政府批复的项目核准、上网电价批复等文件，符合国家及行业规定的各项要求。

（2）按要求向调度机构报送场站施工图纸，设备参数，保护、通信、自动化等技术资料；涉网电气设备具有正规出厂试验报告和质量认证报告。

（3）与电网企业签订完成《并网调度协议》《购售电合同》《供用电合同》，并按照约定完成相关工作。

（4）由具备资质的单位完成工程安装、调试及试验，涉网电气设备符合接入系统审查意见的有关要求，涉网电气设备没有危及电网安全运行的隐患；完成110kV及以上线路参数测试和保护定值计算；继电保护及安全自动装置、电力调度通信设施、自动化设备能正常发送和接收调度生产所需信息，满足电网调度管理要求。

（5）关口计量装置、电量采集装置已按照要求配置、安装、检定、调试完毕，并能够向电网电量采集系统正常传送数据；具有上网关口计量装置及电量采集装置验收合格报告。

（6）通信系统设备配置应满足调度自动化业务、调度通信业务和线路保护业务的要求；所用通信设备应符合国家相关标准、电力行业标准和其他有关规定，通信设备选型和配置应与电网通信网协调一致，满足所接入系统的组网要求；通信站应配置专用不间断电源系统，至少应有两路交流电源输入；通信高频开关电源整流模块应按N+1原则配置，能可靠地自动投入、自动切换。

（7）监控（监测）信息已按规定接入，防误闭锁装置已按要求与工程同时设计、同时建设、同时验收、同时投运。

（8）调度管辖设备应按调度自动化有关技术规程及设计规定接入采集信息。

（9）接受调度命令的值班人员，经过调度机构培训并取得上岗证书。编制完成满足安全生产需要的运行规程、事故处理规程和反事故预案等技术资料，相关人员已学习并考试通过。

1.1.2 验收标准及验收流程

1.1.2.1 光伏电站验收

1. 工程建设资料、设备资料及安全管理资料验收

（1）设备制造厂、光伏电站涉网电气设备的设计资料及技术档案、出厂及交接试验报告、现场运行规程及检修规程应齐全、正确规范。

（2）应提供光伏电站电气主接线图等设计资料和图纸、光伏电站涉网电气设备参数（逆变器、变压器、开关、电流互感器、电压互感器、动态无功补偿装置、太阳辐射现场观测站等）、光伏电站保护配置及定值、稳定控制装置的配置及控制策略、电能质量在线监测装置的功能范围、有功功率控制系统、无功功率控制系统、光功率预测系统等。

（3）按照有关标准要求，提供由资质单位完成的涉网电气设备并网前交接试验报告等资料。

（4）查验各保护设备技术资料、继电保护设计图纸、互联电网间相互提供

的等值阻抗、电气设备及线路实测参数完整准确，联网点处保护定值及整定配合要求、保护定值单及整定值、保护装置调试报告、通道联调报告及保护整组传动试验完备且满足现场要求。

（5）通信自动化设备的台账、说明书、设计资料、系统结构图、出厂验收报告、通信自动化信息表（纸制、电子）、现场试验及验收报告完备且满足现场要求。

（6）光伏逆变器的产品说明书、资料清单、质量认证报告、并网性能测试（实验室）报告、出厂验收报告、现场验收报告、电气接线图、系统结构图完备且满足现场要求。

（7）光伏电站光功率预测装置的技术说明书、使用说明书、系统设计资料、出厂验收报告、现场验收报告完备且满足要求。

（8）安全稳定控制装置的设备台账、技术说明书、设计资料、出厂验收报告、现场验收报告完备且满足要求。

（9）电能质量在线监测装置的技术说明书、使用说明书、出厂认证报告完备且满足要求。

（10）有功功率和无功功率控制系统的技术说明书、使用说明书、系统设计资料、出厂验收报告、现场验收报告完备且满足要求。

（11）调度管辖范围明确，有关设备命名标志符合要求。应具备满足生产需要的典型操作票、运行规程和管理标准，并经调度机构认可。并（联）网双方交换整定计算所需的资料、系统参数和整定限额。

2. 技术条件验收

（1）基本要求。光伏电站应满足《光伏电站接入电网技术规定》（Q/GDW 617—2011）的相关要求，在并网点装设满足相关标准要求的A类电能质量在线监测装置，电能质量数据传输格式应满足接入电网企业的要求，并传送至调度机构。

（2）电能质量要求。光伏电站所接入的公共连接点的各次谐波电压（相电压）含有率及单个光伏电站引起的各次谐波电压含有率应满足表1-1的要求。

表1-1　　各次谐波电压含有率要求

电网标称电压（kV）	电压总畸变（%）	各次谐波电压含有率（%）	
		奇次	偶次
10	4	3.2	1.6

续表

电网标称电压（kV）	电压总畸变（%）	各次谐波电压含有率（%）	
		奇次	偶次
35	3	2.1	1.2
66			
110	2	1.6	0.8

光伏电站所接入的公共连接点的谐波电流应满足表1-2的要求。

表 1-2　　谐波电流允许值

标称电压（kV）	基准短路电流（A）	谐波次数及谐波电流允许值（A）											
		2	3	4	5	6	7	8	9	10	11	12	13
10	100	26	20	13	20	8.5	15	6.4	6.8	5.1	9.3	4.3	7.9
35	250	15	12	7.7	12	5.1	8.8	3.8	4.1	3.1	5.6	2.6	4.7
66	300	16	13	8.1	13	5.1	9.3	4.1	4.3	3.3	5.9	2.7	5
110	750	12	9.6	6	9.6	4	6.8	3	3.2	2.4	4.3	2	3.7
标称电压（kV）	基准短路电流（A）	谐波次数及谐波电流允许值（A）											
		14	15	16	17	18	19	20	21	22	23	24	25
10	100	3.7	4.1	3.2	6	2.8	5.4	2.6	2.9	2.3	4.5	2.1	4.1
35	250	2.2	2.5	1.9	3.6	1.7	3.2	1.5	1.8	1.4	2.7	1.3	2.5
66	300	2.3	2.6	2	3.8	1.8	3.4	1.6	1.9	1.5	2.8	1.4	2.6
110	750	1.7	1.9	1.5	2.8	1.3	2.5	1.2	1.4	1.1	2.1	1	1.9

光伏电站所接入的公共连接点的各次间谐波电压含有率应满足表1-3的要求。

表 1-3　　各次间谐波电压含有率限值　　%

电压等级	频率（次/h）	
	＜100	100～800
1000V及以下	0.2	0.5
1000V以上	0.16	0.4

光伏电站接入电网后，公共连接点的电压闪变和电压波动应分别满足表1-4

和表1-5的要求。

表1-4　　电压闪变限值

电压等级	P_{lt}
≤110kV	1
＞110kV	0.8

表1-5　　电压波动限值

r（次/h）	d（%）	
	LV、MV	HV
r≤1	4	3
1<r≤10	3*	2.5*
10<r≤100	2	1.5
100<r≤1000	1.25	1

注　1.很少的变动频度r（每日少于1次）时，电压波动限值d还可以放宽。

2.对于随机性不规则的电压波动，依95%概率大值衡量，表中标有“*”的值为其限值。

3.本表中系统标称电压U_n等级按以下划分：低压（LV），U_n≤1kV；中压（MV），1kV<U_n≤35kV；高压（HV），35kV<U_n≤220kV。

光伏电站引起的电压不平衡度应满足有关标准要求，接入电网后，由光伏电站引起的负序电压不平衡度应不超过1.3%，短时不超过2.6%。光伏电站并网运行时，向电网馈送的直流电流分量不应超过其交流电流额定值的0.5%。

光伏电站并网点应装设满足有关标准要求的A类电能质量在线监测装置。电能质量数据应能够远程传送到电网电能质量在线监测中心，保证电网企业对电能质量的监控。当电能质量指标不满足要求时，应安装电能质量治理设备。电能质量在线监测装置监测的数据包含电压偏差、三相不平衡度、谐波电压、闪变值、谐波电流、间谐波等指标。

（3）应具备参与电力系统的调频和调峰的能力及有功功率控制与无功功率控制功能，并符合相关要求。

1）有功功率控制。光伏电站应配置有功功率控制系统，具备有功功率连续平滑调节的能力，并能够参与系统有功功率控制。有功功率控制系统应能够接收并自动执行电网调度机构下达的有功功率及有功功率变化的控制指令。

a）正常运行情况下有功功率变化。在光伏电站并网、正常停机以及太阳能辐照度增长的过程中，有功功率变化应满足电力系统安全稳定运行的要求，其限值应根据所接入电力系统的频率调节特性，由电网调度机构确定。有功功率变化速率应不超过每分钟10%装机容量，允许出现因太阳能辐照度降低而引起的光伏电站有功功率变化速率超出限值的情况。

b）有功功率恢复。对于电力系统故障期间没有脱网的光伏电站，其有功功率在故障清除后应快速恢复，自故障清除时刻开始，以至少每秒30%额定功率的功率变化率恢复至故障前的值。

c）紧急控制。在电力系统事故或紧急情况下，光伏电站应按要求运行。电力系统事故或特殊运行方式下，按照电网调度机构的要求降低光伏电站的有功功率；当电力系统频率高于50.2Hz时，按照电网调度机构的指令降低光伏电站的有功功率，严重情况下切除整个光伏电站；若光伏电站的运行危及电力系统安全稳定，电网调度机构应按规定暂时将光伏电站切除。事故处理完毕，电力系统恢复正常运行状态后，应按调度指令并网运行。

2）无功容量配置。光伏电站的无功电源包括并网逆变器及无功补偿装置，并网逆变器应满足额定有功功率下功率因数在超前0.95~滞后0.95的范围内动态可调。光伏电站充分利用并网逆变器的无功容量及其调节能力，当逆变器的无功容量不能满足系统电压调节需要时，应集中加装适当容量的无功补偿装置，必要时加装动态无功补偿装置。

光伏电站的无功容量应按照分（电压）层和分（电）区就地平衡的原则进行配置，并满足检修备用要求。通过10~35kV电压等级并网的光伏电站功率因数应能在超前0.98~滞后0.98范围内连续可调，有特殊要求时，可做适当调整以稳定电压水平。对于通过110（66）kV及以上电压等级并网的光伏电站，其配置的容性无功容量能够补偿光伏电站满发时站内汇集线路、主变压器的感性无功功率及送出线路的一半感性无功功率之和，其配置的感性无功容量能够补偿光伏电站自身的容性充电无功功率及送出线路的一半充电无功功率之和。

对于通过220kV（或330kV）光伏发电汇集系统升压至500kV（或750kV）电压等级接入电网的光伏电站群中的光伏电站，容性无功容量能够补偿满发时汇集线路、主变压器的感性无功功率及送出线路的全部感性无功功率之和，感性无功容量能够补偿自身的容性充电无功功率及送出线路的全部充电无功功率之和。

光伏电站配置的无功装置类型及其容量范围应结合实际接入情况，通过接入电力系统无功电压专题研究来确定。

3）电压控制。通过10~35kV电压等级接入电网的光伏电站在其无功功率输出范围内，应具备根据并网点电压水平调节无功功率输出，参与电网电压调节的能力，其调节方式和参考电压、电压调差率等参数应由电网调度机构设定。接入电网的光伏电站应按照调度机构相应要求配置无功电压控制系统，在光伏电站或其接入汇集站配置不小于规定容量的补偿装置，具备无功功率调节及电压控制能力。根据电网调度机构指令，光伏电站自动调节其发出（或吸收）的无功功率，实现对并网点电压的控制，其调节速度和控制精度应满足电力系统电压调节的要求。当公共电网电压处于正常范围内时，通过110（66）kV电压等级接入电网的光伏电站应能够控制光伏电站并网点电压在标称电压的97%~107%范围内；通过220kV及以上电压等级接入电网的光伏电站应能够控制光伏电站并网点电压在标称电压的100%~110%范围内；通过35kV及以上电压等级接入电网的光伏电站，其升压站的主变压器应采用有载调压变压器。

（4）电网异常响应特性。光伏电站应具备电压异常响应特性及高、低电压穿越能力，并符合相关要求。

（5）通用技术条件。

1）接地要求。光伏电站接地要求，参照有关技术要求。光伏方阵场地内应设置接地网，接地网除采用人工接地极外，还应充分利用光伏组件的支架和基础。

2）防雷保护（包括直击雷防护和雷电侵入波防护）应符合有关技术要求，并满足被保护设备、设施和架构、建筑物安全运行的要求。

3）光伏电站辐射电磁场干扰试验、快速瞬变干扰试验、工频磁场抗扰动试验、脉冲磁场抗扰动试验、浪涌（冲击）抗扰动试验应符合国家标准相关规定。

4）耐压要求。光伏电站的设备应满足国家标准相关规定要求。

5）抗干扰要求。光伏电站并网点的电压波动、闪变值、谐波值、三相电压不平衡度、间谐波含有率应满足国家标准相关规定要求。

（6）光伏发电功率预测。装机容量10MW及以上的光伏电站应配置光伏发电功率预测系统，系统具有0~72h短期光伏发电功率预测以及15min~4h超短期光伏发电功率预测功能。光伏电站每15min自动向电网调度机构滚动上报未来15min~4h的光伏电站发电功率预测曲线，预测值的时间分辨率为15min。每天按照电网调度机构规定的时间上报次日0~24h光伏电站发电功率预测曲线，预测值的时间分辨率为15min。

（7）仿真模型和参数。光伏电站应有可用于电力系统仿真计算的光伏发电单元（含光伏组件、逆变器、单元升压变压器等）、光伏电站汇集线路、光伏电站控制系统模型及参数，用于光伏电站接入电力系统的规划设计及调度运行。光伏电站应跟踪其各个元件模型和参数的变化情况，并随时将最新情况反馈给电网调度机构。

（8）二次系统。

1）基本要求。光伏电站的二次设备及系统应符合电力二次系统技术规范、电力二次系统安全防护要求及相关设计规程；光伏电站与电网调度机构之间的通信方式、传输通道和信息传输由电网调度机构作出规定，包括提供遥测信号、遥信信号、遥控信号、遥调信号以及其他安全自动装置的信号，信号的实时性要求应满足调度自动化有关技术规程及技术规定。

2）安全防护。光伏电站应具备一定的过电流能力，在1.2倍额定电流以下，光伏电站连续可靠工作时间应不小于1min。电网发生扰动后，在电网电压和频率恢复正常范围之前光伏电站不允许并网，且在电网电压和频率恢复正常后，应按电力调度机构指令执行，不可自行并网。光伏电站应配置相应的安全保护装置。光伏电站保护应符合可靠性、选择性、灵敏性和速动性的要求，与电网的保护相匹配。光伏电站应在光伏电站并网点内侧设置易于操作、可闭锁且具有明显断开点的并网总开关。

光伏电站继电保护及安全自动装置、二次回路应满足电力系统有关标准、规定和反事故措施的要求；应配置独立的防孤岛保护装置，动作时间应不大于2s，防孤岛保护还应与电网侧线路保护相配合；10~35kV馈线发生单相接地故障时，应具备可靠、快速切除站内汇集系统单相故障的保护措施。一般情况下，专线接入公用电网的光伏电站应配置光纤电流差动保护；通过110（66）kV及以上电压等级接入电网的光伏电站配备故障录波设备，该设备应具有足够的记录通道并能够记录故障前10s到故障后60s的情况，并配备至电网调度机构的数据传输通道。

3）光伏电站调度自动化。光伏电站应配备计算机智能电网调度控制系统、电能量远方终端设备、二次系统安全防护设备、调度数据网络接入设备等，并满足电力二次系统设备技术管理规范要求。光伏电站调度自动化系统远动信息采集范围按电网调度要求接入信息量，具体接入的信息应执行其所属调度机构的相关规定；信息传输应采用主/备信道的通信方式，直送电网调度机构。光伏电站调度管辖设备供电电源应采用不间断电源装置（UPS）或站内直流电源系统供电，在交流供电电源消失后，不间断电源装置带负荷运行时间应大于

1h；对于接入220kV及以上电压等级（或按调度要求指定）的光伏电站应配置相角测量系统（PMU），为光伏电站的安全监控与电力调度机构提供统一时标下的光伏电站动态过程中的电压、相角、功率等关键参数的变化曲线。

4）电能计量。光伏电站电能计量点（关口）应设在光伏电站与电网的产权分界处，产权分界处按国家有关规定确定。产权分界处不适宜安装电能计量装置的，关口计量点由光伏电站业主与电网企业协商确定。计量装置设备配置和技术要求符合相关要求。

关口计量点应安装同型号、同规格、准确度相同的主、副电能表各一套。主、副电能表应有明确标志。电能表有功配置0.2S级、无功配置2.0级；电流互感器和电压互感器配置准确度0.2S级专用绕组。

5）光伏电站通信。通过10（35kV）及以上电压等级接入电网的光伏电站，至调度端应具备一路光缆通道；通过110（66kV）及以上电压等级接入电网的光伏电站，至调度端应具备两路通信通道，其中一路为光缆通道。光伏电站与电力系统直接连接的通信设备，如光纤传输设备、脉码调制终端设备（PCM）、调度程控交换机、数据通信网、通信监测设备等，应具有与系统接入端设备一致的接口与协议。

3. 光伏电站并网后验收

（1）主要性测试及测试要求。光伏电站应在全部光伏部件并网调试运行后6个月内向电网调度机构提供有关光伏电站并网特性测试和无功补偿特性试验的检测报告。并网测试不合格的光伏电站应按照调度机构的要求按时完成整改，并重新测试。当累计新增装机容量超过6MW或光伏电站更换逆变器或变压器等主要设备时，需要重新提交检测报告。光伏电站接入电力系统检测由具备相应资质的机构进行，并在检测前30日将检测方案报所接入地区的电网调度机构备案。

检测应按照国家或有关行业对光伏电站并网运行制定的相关标准或规定进行。测试主要有电能质量测试、功率特性测试（有功功率输出特性测试、有功功率控制特性测试、无功功率调节特性测试）、低电压穿越能力测试、频率异常（扰动）响应特性测试、通用性能测试（防雷和接地测试、耐压测试、安全标识测试）、防孤岛保护测试（各网省公司调度机构的要求）、电压异常（扰动）响应特性测试以及调度机构要求的其他并网调试项目等内容。

（2）商业运营条件验收。商业运营条件验收要求准备项目核准文件、项目环评批复文件、项目接入系统审查文件、电价批复文件；工商营业执照、税务登记证、组织机构代码证；发电业务许可证或正在办理的证明文件；并网工程验收合格报告、项目工程质检合格报告；并网调度协议、购售电合同。

1.1.2.2 风电场验收标准及流程

1. 风电场验收标准

（1）风电场基础资料验收。

1）主接线、并网方式、接入电压等级与并网调度协议一致，符合公司接入系统批复文件的规定。需提供风电场电气主接线图纸、风电场接入系统的批复文件。

2）装机明细、风机参数与并网调度协议一致。需提供的技术参数包括风机型号、风轮直径、切入风速、额定风速、切出风速、发电机型号及模型、变流器型号及性能参数、单机容量、发电机电压、功率调节速率（典型出力下的爬坡、下降速率）、机组有功（无功）功率特性曲线、功率因数、变流器等主要设备及材料清册。

3）无功补偿装置的配置情况、产品的使用说明书、铭牌参数等。

4）主变压器铭牌数据及参数。

5）低电压穿越能力、风电机组的产品说明书及产品介绍。

6）继电保护及安全稳定控制装置一次设备参数、继电保护装置及汇集线路保护定值计算书、安全稳定控制装置策略、机组涉网保护定值、继电保护装置的检验测试报告。

（2）技术条件验收。

1）调度自动化装置。应配置计算机智能电网调度控制系统1套，其中远动通信装置应双机冗余配置；传输通道为数字专线和网络互备。配置电能量远方终端设备1套，传输通道为网络和电话拨号互备。配置功率预测系统1套，传输通道为网络方式。配置路由器2台、交换机2台、纵向加密认证装置2台、同步数字系列（SDH）2M链路2条；采用MPLS VPN、IP over IP技术体制，将2套相互独立的网络设备分别接入相应调度机构接入网相应节点。其他设备按照电网企业相关规范及标准配置。风电场应按要求接入和上传常规的自动化基础数据。风机智能电网调度控制系统与升压站计算机智能电网调度控制系统应具有通信功能，实现风机实时信息的上传。

2）故障录波设备。升压站应配置故障录波装置，记录故障前200ms到故障后6s的电气量数据，可提供故障简报，风电场故障动态过程记录系统大扰动如短路故障、系统振荡、频率崩溃、电压崩溃等发生后的有关系统电参量的变化过程及继电保护与安全自动装置的动作行为，按调度机构要求配备至调度机构和所属调度机构的数据传输通道。

3）通信与信号。风电场具备与电网调度机构之间的数据通信能力，与调度机构通信方式、遥测遥信遥调等信息双通道接入，传输信号包括但不限于遥测信号、遥信信号、遥控信号、遥调信号、其他安全装置的信号以及风电场正常运行信号。

4）电能质量监测装置。应配置电能质量监测设备，以实时监测风电场电能质量指标是否满足要求；若不满足要求，风电场需安装电能质量治理设备以确保风电场合格的电能质量。电能质量应包括电压偏差、电压变动、闪变、谐波等指标。风电场接入电力系统后，并网点电压的正、负偏差的绝对值之和不超过额定电压的10%，一般为–3%~+7%。风电场在公共连接点引起的电压变动应满足国家标准的要求。风电场单独引起公共连接点处的电压变动限值应满足表1-6的要求。

表1–6　　电压变动限值

r（次/h）	d（%）
$r \leqslant 1$	3
$1<r \leqslant 10$	2.5
$10<r \leqslant 100$	1.5
$100<r \leqslant 1000$	1

风电场所在的公共连接点的闪变干扰允许值应满足国家标准相关要求，其中引起长时间闪变时按照风电场装机容量与公共连接点上的干扰源总容量之比进行分配。风电接入电网后，公共连接点的谐波电压也应满足国家标准相关规定，其中风电场向电网注入的谐波电流允许值按照风电场装机容量与公共连接点上具有谐波源的发/供电设备总容量之比进行分配。

5）PMU配置情况。对于接入220kV及以上电压等级的风电场应配置PMU，保证其自动化专业调度管辖设备和继电保护设备等采用与电网调度机构统一的卫星对时系统。

6）设备标示。调度管辖范围内的设备按相关调度机构下发的编号命名进行编制且齐全、醒目和可靠固定。

2. 基本功能要求

（1）有功功率控制能力。

1）风电场需配置有功功率控制系统，具备单机有功功率控制能力，接收并自动执行电网调度机构发送的有功功率控制信号，确保风电场最大有功功率值及有功功率变化值符合电网调度机构的给定值，以便在电网故障和特殊运行方式时保证电力系统的稳定性。

2）风电场应能限制输出功率的变化率，在风电场并网及风速增长的过程中，有功功率的变化应满足电网调度机构的要求。最大有功功率变化限值包括1min最大有功功率变化限值和10min最大有功功率变化限值。风电场有功功率变化限值推荐值可参考表1-7。

表 1-7　风电场有功功率变化限值推荐值　MW

风电场装机容量	10min 最大有功功率变化限值	1min 最大有功功率变化限值
<30	<30	3
30 ~ 150	装机容量/3	装机容量/10
>150	50	15

3）在风电场启动及风速增长的过程中，有功功率变化限值应满足表1-7所列要求。表1-7也适用于风电场正常停机，可以接受因风速降低而引起的超出最大有功功率变化限值的情况。

4）在电网紧急情况下，风电场应能快速自动切除部分机组甚至整个风电场。

5）风电场有功功率控制应根据调度机构统一安排逐步实现自动发电控制（AGC）功能。

（2）风电场参与电网电压调节的方式包括调节无功功率、无功补偿设备投入量及升压变压器的变比等。

（3）风电机组运行在不同输出功率时，其功率因数应在–0.95~+0.95变化范围之间可控。

（4）风电场须安装具有自动电压调节能力的动态无功补偿装置，补偿容量应满足风电场接入电网的技术规定。接入系统批复文件中未明确时，无功补偿容量（包括容性和感性）不得低于风电装机容量的25%。

（5）风电场无功功率的调节范围和响应速度，应满足风电场并网点电压调节的要求。公共电网电压正常时，应能自动调整并网点电压在额定电压的97%~107%。

（6）风电场应配置无功电压控制系统，在无功功率输出范围内具备根据并网点电压水平调节无功功率输出，参与电网电压调节的能力，其调节速度和控制精度应能满足电网电压调节的要求。

（7）风电场具有通过调整有载调压变压器分接头控制场内电压的能力，确保场内风电机组在风电场并网点的电压偏差在其额定电压的−10%~+10%之间时能正常运行。

（8）风电场无功电压控制系统应根据调度机构统一安排逐步实现AVC功能。

（9）风电场应能在49.5~50.2Hz频率范围内连续运行；在48~49.5Hz频率范围内，每次频率低于49.5Hz时要求至少能运行30min；在50.2~51Hz频率范围内，每次频率高于50.2Hz时要求至少能运行2min，并且当频率高于50.2Hz时，不能有其他的风力发电机组启动；频率高于51Hz时，机组逐步退出运行或根据电力调度机构的指令限出力运行。

（10）风电功率预测系统。按调度机构要求配置风电功率预测系统，具有0~48h短期风电功率预测以及15min~4h超短期风电功率预测功能，预测值的时间分辨率为15min。

（11）机组自启动条件。一般不允许机组自动启动，系统发生扰动后，待系统的电压和频率恢复正常，需延时20s~5min后才允许并网。

3. 其他

风电场应提供可用于系统仿真计算的机组、汇集系统、控制系统模型及参数，用于风电场接入电力系统的规划设计及调度运行。风电场应跟踪其各个元件模型和参数的变化情况，并随时将最新情况反馈给电网调度机构。

风电场应提供风电机组相关性能检测计划，并与有资质的检测单位签署测试协议；提供运行特性及模型参数检测计划，并与有资质的检测单位签署测试协议；提供值班人员的调度机构考试合格证。

1.1.2.3 新能源验收流程

（1）申请提交。新能源场站并网前15个工作日，满足新能源接入电网技术、调度管理、并网检测等规程规定的相关要求，已列入调度机构月度投产计划，拟并网新能源场站按调度机构要求自查合格，提出并网测试方案并签订测试协议后向所属调度机构提交并网验收申请书。

（2）申请受理。调度机构收到申请书后5个工作日内，对拟并网新能源场站的验收申请进行审查，对符合条件的予以确认通知。

（3）成立验收专家组。调度机构组织成立验收专家组，成员至少包括输电、检修、继电保护、计量、调度自动化等相关专业人员。

（4）验收准备。拟并网新能源场站在收到确认通知后，与调度机构协商验收具体事宜，并准备验收资料和做好现场验收准备。

（5）组织验收。组织验收专家组和相关专业技术人员按照验收规范对拟并网新能源场站进行并网验收。验收采取会议验收方式，进行资料审查和现场设备核查，根据验收大纲组织验收。

（6）问题处理。向拟并网新能源场站书面反馈验收意见，对验收中发现的重要问题，要求新能源场站及时进行整改。整改完成后，重新向调度机构提出验收申请，直到满足并网要求为止。

（7）验收确认。验收组出具验收报告，经调度机构批准后，通知拟并网新能源场站提交启动送电申请时间。

（8）启动送电。受理新能源场站启动送电申请书，调度机构下令启动送电。

1.1.3 并网调度启动管理及技术规定

1.1.3.1 调度管辖范围划分

新能源场站核准立项后，应向所在调度机构书面备案。调度机构根据新能源场站接入及电网运行情况划分新能源场站调度管辖范围。

1.1.3.2 命名编制

启动前3个月，根据调度管辖范围划分，调度机构、新能源场站按照电气设备命名编号原则对自行调度管辖的电气设备进行命名编号下达，新能源场站自行调度管辖设备的命名编号应报相应调度机构备案。

1.1.3.3 调度协议签订

新建新能源场站在并网前应根据调度管辖范围划分，与调度机构按照电网企业下发的新能源并网调度协议模板签订相应的并网调度协议。

1.1.3.4 并网启动流程

（1）启动调试前2个月根据调度管辖范围向调度机构提交新设备保护定值配合申请及相关资料，接到申请后5个工作日内按照调度管辖范围对新能源场站及升压站涉网保护进行核查。

（2）启动调试前1个月向相应调度机构提交开通通信电路和自动化系统调试申请及其所需的相关资料，调度机构接到申请后3个工作日内进行远动通道及调度电话的联调。

（3）启动调试前15~20天，待调度数据网开通后，新能源场站按照信息接入相关要求与相应调度机构进行升压站及新能源场站的远动数据对点联调。

（4）启动前7天新能源场站向调度机构提交书面并网启动申请，并网启动申请书应包括以下内容：站内设备编号表、新能源发电设备技术参数、并网启动方案、现场运行值班人员及各专业人员联系名单、集控室电话、新能源场站涉网保护定值、新能源场站低电压穿越及涉网保护配置承诺函、升压站主接线图（具体到集电线路）、新能源电站平面布置图。

（5）相应调度机构收到新能源场站并网启动申请书后，对新能源场站投产条件进行检查、认定，并于启动前3天完成启动方案及继电保护、安全自动装置的定值计算，同时下发启动调试业务通知单及值班调度员名单。

（6）相应调度机构于启动前1日正式批复启动工作，各运行单位虽已接到相应调度机构的批复，但仍需得到值班调度员的调度指令后方可启动操作。

（7）启动前准备过程中，启动单位需严格配合相应调度机构进行相关资料收集及设备调试工作，对设备资料不全、设备试验不合格、设备投运后对电网安全带来威胁、保护装置不全、通信不完善、缺少调度自动化信息等新能源场站，有权拒绝该新设备投入系统运行。

1.2　新能源场站持证上岗管理

1.2.1　持证上岗的基本要求

（1）各级调度机构负责调度管辖范围内新能源场站运行值班人员的持证上岗管理工作。同时接受多级调度指令单位的持证上岗管理工作由其受令的最高一级调度机构负责。

（2）新能源场站中，凡与各级调度机构值班调控人员直接进行调控业务联系的运行值班人员，必须持有所属调度机构颁发的《调控运行值班合格证书》（简称证书）。

（3）新能源场站站长、值班长必须取得持证上岗资格。

（4）凡未取得所属调度机构颁发的证书的人员，不论其行政、技术职务如何，均不得直接与值班调控人员进行调控业务联系。

（5）新能源场站至少需3名运行值班人员具有所属调度机构颁发的证书，凡持证上岗人数达不到规定的场站，调度机构进行通报。

（6）新建新能源场站在启动调试前3个月向所属调度机构上报已取得持证上岗资格的人员名单。

（7）新建新能源场站在启动调试前，取得证书的运行值班人员人数需要满足调度机构的要求，否则所属调度机构将暂停其相关启动调试、并网工作。

（8）各级调度机构专人负责持证上岗管理工作，新能源场站负责人每年向所属调度机构上报本单位持证上岗负责人信息、在岗已取得证书的人员名单、已取得证书的运行值班人员的变岗和调离情况及下一年度需要对证书重新审核的人员名单。

（9）各级调度机构负责组织新能源场站运行值班人员进行相关调度控制规程、规定及电力系统相关知识的培训及考试，考试合格后颁发证书。

（10）各级调度机构负责每年组织两次集中持证上岗培训考试，在上、下半年各一次。

（11）证书由各级调度机构统一颁发，有效期为3年，在证书到期3个月前，新能源场站向所属调度机构提出资格认证申请，由所属调度机构安排进行认证，认证通过则继续有效。

（12）资格认证可采用闭卷考试或免考认证两种形式。闭卷考试按照所属调度机构要求进行统一考试，持证人员在书面公布有效期内严格遵守调度纪律，无警告或违规行为记录，经所属调度机构审核同意后，可免考认证。

（13）已取得上岗资质的人员调离运行值班岗位后，其所在场站持证上岗考试管理人员应将人员名单报所属调度机构备案，其上岗资质自行注销。调动至其他场站运行值班岗位的，应提前向所属调度机构提出申请，所属调度机构将对其上岗资质进行审核，审核合格者其上岗资质在新场站仍然有效，审核不合格者须重新申请参加持证上岗考试。岗位性质发生改变的，需取得新岗位的持证上岗资格。

（14）持证人员资格认证不合格或脱离原运行值班岗位超过3个月，上岗资质自动失效，经所在单位考察具备上岗条件时，方可申请参加下一期持证上岗资格培训及考试。

1.2.2 证书吊销管理

（1）新能源场站运行值班人员发生下列情况之一时，所属调度机构将取消其上岗资质：

1）在一年内受到所属调度机构两次警告者。

2）违反调度规程和纪律，情节严重，受到所属调度机构通报批评者。

3）已持有合格证书但未通过抽考者。

4）对七级及以上人身、电网、设备、信息系统事件负主要责任者。

5）无故延误或拒绝执行调度指令且造成严重后果者。

（2）在上岗资质被吊销后，新能源场站不准安排其与各级调度机构值班调控员进行电力调控业务联系。

（3）被吊销上岗资质的运行值班人员经过6个月以上的学习、培训后，其所在单位向所属调度机构提出书面申请，方可参加定期组织的下一次培训及考试，考试合格后，可重新获得持证上岗资格。

（4）连续两次被吊销上岗资质的人员不允许再参加持证上岗培训及考试。

第 2 章　功率预测及电压运行

近年来，受化石燃料日趋枯竭、环保压力日趋增大等问题影响，我国已将发展新能源作为缓解能源压力、优化能源结构、促进可持续发展的重要手段和长远战略。新能源发电功率预测主要用于提升新能源场站出力可预见性，为电网调度人员优化调度提供决策支持，可以缓解电力系统调峰、调频压力，使得电网在确保安全稳定运行的前提下，尽可能多地消纳新能源电力。

2.1　功率预测及电压运行标准

2.1.1 风力发电和光伏发电功率预测标准

1.基本概念

风力发电和光伏发电功率预测技术具有一定共性，即利用风电场、光伏电站的历史功率、气象、地形地貌、数值天气预报以及电网、场站设备状态等数据建立输出功率的预测模型，以气象实测数据、功率数据和数值天气预报数据作为模型的输入，经计算得到未来时段的输出功率值。

根据应用需求的不同，通常将风电场和光伏电站实发功率、短期预测功率、超短期预测功率、可用发电功率等作为场站功率预测的评价标准。其中，短期预测功率指次日 00:15 起 3 天的短期功率预测值；超短期预测功率指未来 15min~4h 的 16 点超短期预测功率值；可用发电功率指考虑场内设备故障、缺陷或检修等原因引起受阻后能够发出的功率。

风力发电和光伏发电预测技术具有多学科综合应用的特点，需要了解和掌握风能和太阳能资源评估、气象监测、数值天气预报、风力发电和光伏发电功率预测系统等相关技术。

2. 场站评价指标

风力发电和光伏发电功率预测评价工作通常选取电站出力大于 3% 额定容量的非限电时段，评价指标包括 95% 分位数偏差率、准确率、合格率、平均绝对误差率、极大误差率及预测数据上报率。

（1）95%分位数偏差率包括95%分位数正偏差率和95%分位数负偏差率。

95%分位数正偏差率指将评价时段内单点预测正偏差率由小到大排列，选取位于95%位置处的单点预测正偏差率，按如下公式计算：

$$\begin{cases} E_i = \dfrac{P_{\mathrm{P}i} - P_{\mathrm{M}i}}{C_i} \geqslant 0, i = 1, 2, \cdots, n \\ E_j = \mathrm{sort}p(E_i), j = 1, 2, \cdots, n \\ Per_{95} = E_j, j = \mathrm{INT}\,(0.95m) \end{cases}$$

95%分位数负偏差率指将评价时段内单点预测负偏差率由大到小排列，选取位于95%位置处的单点预测负偏差率，按如下公式计算：

$$\begin{cases} E_i = \dfrac{P_{\mathrm{P}i} - P_{\mathrm{M}i}}{C_i} \leqslant 0, i = 1, 2, \cdots, n' \\ E_j = \mathrm{sort}n(E_i), j = 1, 2, \cdots, n' \\ Per_{95} = E_j, j = \mathrm{INT}\,(0.95m') \end{cases}$$

式中：Per_{95}为95%分位数偏差率，取值步长根据具体情况而定；$P_{\mathrm{P}i}$为i时刻预测功率；$P_{\mathrm{M}i}$为i时刻可用发电功率；C_i为i时刻开机容量；E_i为i时刻预测偏差率；E_j为排序后的单点预测偏差率；sort$p$（·）为由小道大排序函数；sort$n$（·）为由大到小排序函数；INT（·）为取整函数；n和n'分别为评价时段内的正偏差样本数和负偏差样本数，不少于1年的同期数据样本。

（2）准确率CR按如下公式计算：

$$CR = \left[1 - \sqrt{\frac{1}{n}\sum_{i=1}^{n}\left(\frac{P_{\mathrm{P}i} - P_{\mathrm{M}i}}{C_i}\right)^2}\right] \times 100\%$$

式中：$P_{\mathrm{P}i}$为i时刻预测功率；$P_{\mathrm{M}i}$为i时刻可用发电功率；C_i为i时刻开机容量；n为统计时段内的总样本数。

（3）合格率QR指预测合格点数占评价时段总点数的百分比，合格点数是指预测绝对偏差小于给定阈值的点数，计算公式如下：

$$QR = \frac{1}{n}\sum_{i=1}^{n} B_i \times 100\%$$

$$B_i = \begin{cases} 1, \dfrac{|P_{\mathrm{P}i} - P_{\mathrm{M}i}|}{C_i} < T \\ 0, \dfrac{|P_{\mathrm{P}i} - P_{\mathrm{M}i}|}{C_i} \geqslant T \end{cases}$$

式中：B_i代表i时刻预测绝对误差是否合格，合格为1，不合格为0；T为判定阈值，依各电网实际情况确定，一般不大于0.25。

（4）平均绝对误差率MAE按如下公式计算：

$$MAE = \frac{1}{n}\sum_{i=1}^{n}\left(\frac{|P_{\mathrm{P}i} - P_{\mathrm{M}i}|}{C_i}\right) \times 100\%$$

（5）极大误差率包括正极大误差率和负极大误差率，按如下公式计算：

$$EV_{\mathrm{pos}} = \max\left(\frac{P_{\mathrm{P}i} - P_{\mathrm{M}i}}{C_i}\right) \times 100\%, i = 1, \cdots, n$$

$$EV_{\mathrm{neg}} = \min\left(\frac{P_{\mathrm{P}i} - P_{\mathrm{M}i}}{C_i}\right) \times 100\%, i = 1, \cdots, n$$

式中：EV_{pos}为正极大误差率；EV_{neg}为负极大误差率。

（6）预测数据上报率R_{r}按如下公式计算：

$$R_{\mathrm{r}} = \frac{R}{N} \times 100\%$$

式中：R为评价时段内数据上报成功次数；N为评价时段内应上报次数。

3. 电力调度机构评价指标

电力调度机构对风电场和光伏电站发电功率预测评价指标包括95%分位数偏差率、准确率、合格率、平均绝对误差率、极大误差、极大误差率及预测数据上报率。其中，95%分位数偏差率、准确率、合格率和预测数据上报率统计方法与风电场及光伏电站评价指标相同。

（1）平均绝对误差率MAE按如下公式计算：

$$MAE = \frac{1}{n}\sum_{i=1}^{n}\left(\frac{|P_{\mathrm{P}i} - P_{\mathrm{M}i}|}{TC_i}\right) \times 100\%$$

其中，TC_i根据需要采用i时刻的电网用电负荷、电网旋转备用容量、新能源开机容量。

（2）极大误差和极大误差率按如下公式计算：

$$E_{\mathrm{pos}} = \max\left(P_{\mathrm{P}i} - P_{\mathrm{M}i}\right)$$

$$E_{\mathrm{neg}} = \min\left(P_{\mathrm{P}i} - P_{\mathrm{M}i}\right)$$

$$EV_{\mathrm{pos}} = \max\left(\frac{P_{\mathrm{P}i} - P_{\mathrm{M}i}}{TC_i}\right) \times 100\%$$

$$EV_{\text{neg}}=\min\left(\frac{P_{\text{P}i}-P_{\text{M}i}}{TC_i}\right)\times 100\%$$

式中：E_{pos}为正极大误差；E_{neg}为负极大误差；EV_{pos}为正极大误差率；EV_{eng}为负极大误差率。

2.1.2 电压运行标准

风电场和光伏电站接入电网后，无论场站装机容量大小、采用何种发电机组类型，都会对接入地区电网的电压稳定性带来不同程度的影响。在新能源装机占比较高的电网中，由于风电场或光伏电站接入后改变了电网潮流分布、线路传输功率及整个系统的惯量，电网电压稳定性、暂态稳定性及频率稳定性都会发生变化。

电压质量是电能质量的重要指标之一。电力系统的无功补偿与无功平衡，是保证电压质量的基本条件，对保证电力系统的安全稳定与经济运行起着重要的作用。

2.1.2.1 电压质量控制标准

电压质量是指缓慢变化（电压变化率小于每秒1%时的实际电压值与系统标称电压值之差）的电压偏差值指标。

1. 用户受电端供电电压允许偏差值

（1）35kV及以上用户供电电压正、负偏差的绝对值之和不超过额定电压的10%。

（2）10kV及以下三相供电电压允许偏差为额定电压的±7%。

（3）220V单相供电电压允许偏差为额定电压的+7%、–10%。

2. 电网电压质量控制标准

（1）发电厂和变电站的母线电压允许偏差值。

1）1000kV母线正常运行方式时，最高运行电压不得超过1100kV；最低运行电压不应影响电力系统同步稳定、电压稳定、厂用电的正常使用及下一级电压的调节。

2）750kV母线正常运行方式时，最高运行电压不得超过800kV；最低运行电压不应影响电力系统同步稳定、电压稳定、厂用电的正常使用及下一级电压的调节。

3）500（330）kV母线正常运行方式时，最高运行电压不得超过系统额定电压的+10%；最低运行电压不应影响电力系统同步稳定、电压稳定、厂用电的正常使用及下一级电压的调节。

4）发电厂220kV母线和500（330）kV变电站的中压侧母线正常运行方式时，电压允许偏差为系统额定电压的0%~+10%；事故运行方式时为系统额定电压的–5%~+10%。

5）发电厂和220kV变电站的35~110kV母线正常运行方式时，电压允许偏差为系统额定电压的–3%~+7%；事故运行方式时为系统额定电压的±10%。

6）带地区供电负荷的变电站和发电厂（直属）的10（6）kV母线正常运行方式下的电压允许偏差为系统额定电压的0%~+7%。

（2）特殊运行方式下的电压允许偏差值由调度机构确定。

3. 发电厂和变电站母线电压波动率

电压波动率是指在一段时间内母线电压的变化限度。电压波动率按日计算，即每日母线电压变化幅度与系统标称电压值之比的百分数为日电压波动率。

2.1.2.2 电压质量监测与统计

风电场及光伏电站应根据电网调度机构要求设置合理的电压监测点。电压监测点应符合相关国家、电力行业标准，确保监测数据准确、可靠、有效。

并入220kV及以上电网的发电厂高压母线电压、220kV及以上电压等级的母线电压，均设置为电网电压质量监测点。其中发电厂220kV母线和500（330kV）变电站高、中压母线电压质量监测点，应计算电网电压波动率和电网电压波动合格率，并列入指标考核范围。

并网发电厂应按电力调度指令，在发电机组性能允许的范围内，通过无功功率调节，保证母线电压合格。发电机组的进相运行深度应满足所在电网安全运行的需要。并网发电厂采用有偿无功功率控制时需征得调度机构同意。

调度机构统计计算各并网发电厂母线电压月合格率，发电企业月度电压曲线合格率：750（500kV）及330kV应达到100%，220kV应达到99.90%，110kV应达到99.80%。

日电压波动率及电压波动合格率计算公式如下。

（1）电压监测点日电压波动率V_b：

$$V_b(\%) = \frac{\text{日最高电压}-\text{日最低电压}}{\text{系统标称电压}} \times 100\%$$

（2）电压监测点月电压波动率V_{bm}：

$$V_{bm}(\%) = \frac{\text{该月日电压波动率合格的天数}}{\text{该月统计天数}} \times 100\%$$

（3）电网电压波动合格率 V_{bg}：

$$V_{bg}(\%)=\frac{\sum_{i=1}^{n}\text{监测点}i\text{该月日电压波动合格天数}}{n\times\text{该月统计天数}}\times 100\%$$

式中：n 为电网电压监测点数。

发电厂和变电站的母线电压在满足电压偏差的基础上，日电压波动率应满足以下要求：

（1）500（330）kV变电站高压母线：3%；

（2）发电厂220kV母线和500（330kV）变电站中压母线电压：3.5%；

（3）特殊运行方式下的日电压波动率由调度机构确定。

2.2　功率预测要求

2.2.1 功率预测基本要求

风电场及光伏电站应按要求开展功率预测工作，相关要求如下：

2.2.1.1 风电场

1. 基本要求

风电场应配置风电功率预测系统，系统具有0~72h短期风电功率预测以及15min~4h超短期风电功率预测功能。

2. 预测曲线上报

风电场每15min自动向调度机构滚动上报未来15min~4h的风电场发电功率预测曲线，预测值的时间分辨率为15min。

风电场每天按照调度机构规定的时间上报次日0~24h风电场发电功率预测曲线，预测值的时间分辨率为15min。

2.2.1.2 光伏电站

1. 基本要求

装机容量10MW及以上的光伏电站应配置光伏发电功率预测系统，系统具有0~72h短期光伏发电功率预测以及15min~4h超短期光伏发电功率预测功能。

2. 预测曲线上报

光伏电站每15min自动向调度机构滚动上报未来15min~4h的光伏电站发电功率预测曲线，预测值的时间分辨率为15min。

光伏电站每天按照电网调度机构规定的时间上报次日0~24h光伏电站发电功率预测曲线，预测值的时间分辨率为15min。

3. 预测准确度

光伏电站发电时段（不含出力受控时段）的短期预测月平均绝对误差应小于0.15，月合格率应大于80%；超短期预测第4小时月平均绝对误差应小于0.10，月合格率应大于85%。

2.2.2 功率预测管理办法

风电场和光伏电站功率预测是指风电场和光伏电站根据气象条件、统计规律等技术和手段，提前对一定运行时间内的发电有功功率进行分析预报，向调度机构提交预测结果，以提高风电场和光伏电站与电力系统协调运行的能力。

1. 预测要求

（1）功率预测分为日预测和实时预测两种方式。日预测是指对次日0~24h的预测，实时预测是指自上报时刻起未来15min~4h的预测，时间分辨率均为15min。

（2）日预测要求并网风电场和光伏电站每日在规定时间前按规定要求向调度机构提交次日0~24h每15min共96个时间节点的有功功率预测数据和开机容量。

（3）实时预测要求并网风电场和光伏电站按规定要求每15min滚动上报未来15min~4h功率预测数据和实时的风速、辐照度等气象数据。

2. 预测管理要求

（1）并网运行的风电场和光伏电站须建立功率预测系统，并配备专职人员负责系统运行维护、预测管理和向调度机构实时传送数据工作，确保预测系统稳定可靠运行。

（2）功率预测系统必须满足电力二次系统安全防护的有关要求，与调度机构的功率预测系统建立接口并运行于同一安全区，自动向调度机构实时传送预测结果。

（3）功率预测系统提供的日预测曲线最大误差不超过25%；实时预测误差不超过15%。安全预测结果的均方根误差应小于20%。

3. 运行管理要求

（1）调度机构应根据风电场和光伏电站传送的功率预测结果，综合考虑系统运行要求，按照优先调度风电和光伏的原则，编制风电场和光伏电站发电计划，并及时向场站通报。

（2）调度机构应结合电网运行实际情况，在保证电网安全运行的基础上，原则上按照风电场和光伏电站上报的功率预测结果下达发电计划。如电网运行受到约束，调度机构可对发电计划进行适当调整，但须明确判定条件件。

（3）并网风电场和光伏电站应执行调度机构下达的日发电计划曲线（包括实时波动修正的计划曲线）和调度指令，及时调整有功功率。

2.2.3 功率预测系统技术要求

风力发电和光伏发电功率预测系统是集气象要素监测与预测、发电功率短期／超短期预测、资源特性分析评价及预测后评估等功能为一体的应用软件。风力发电和光伏发电功率预测系统需要满足相关技术标准要求，依据实际需求和应用场景进行系统设计与开发。

2.2.3.1 风电场功率预测系统技术要求

1．预测建模数据准备

（1）风电场历史功率数据。

1）投运时间不足1年的风电场应包括投运后的所有历史功率数据，时间分辨率应小于5min。

2）投运时间超过1年的风电场的历史功率数据应不少于1年，时间分辨率应小于5min。

（2）测风塔历史数据。

1）测风塔位置应具有良好的代表性，可反映风电场所处区域的风能资源特性。

2）宜包括10、50m及轮毂高程的风速和风向以及气温、气压等信息。

3）应为最近两年内的数据，且数据长度应不少于1年。

4）数据的时间分辨率应不小于10min。

（3）风电机组及风电场运行状态记录。风电机组及风电场运行状态数据应包括风电机组故障及人为停机记录或风电场开机容量和功率调控记录，所有状态记录数据应同时包含对应的起始时间。

（4）地形和粗糙度数据。

1）地形数据应包括对风电场所处区域外10km范围内地势变化的描述，格式宜为CAD文件，精度高于1∶5000。

2）粗糙度数据应通过实地勘测或卫星地图获取，包括对风电场所处区域外20km范围内地表（包括陆面、植被和水面）粗糙度的描述。

2. 数据采集与处理

（1）数据采集范围。数据采集至少应包括数值天气预报数据、测风塔实时测风数据、风电场实时功率、机组状态数据和计划开机容量数据。

（2）数据采集要求。

1）所有数据的采集应能自动完成，并能通过手动方式补充录入。

2）测风塔实时测风数据的时间延迟应不大于5min，其余实时数据的时间延迟应不大于1min。

3）数值天气预报数据应至少包括次日零时起未来72h的数值天气预报数据，时间分辨率为15min，数据应包括至少3个不同层高的风速、风向及气温、气压、湿度等参数；每日宜至少提供两次数值天气预报。

4）风电功率预测系统所用的测风塔实时测风数据应满足以下要求：

a）测风塔至风电功率预测系统的实时测风数据传送时间间隔应不大于5min。

b）测风塔宜在风电场外1~5km范围内且不受风电场尾流效应的影响，宜在风电场主导风向的上风向，位置应具有代表性。

c）采集量应至少包括10、50m及轮毂高度的风速和风向以及气温、气压等信息，应包括瞬时值和5min平均值。

d）风电场的测风塔至场站端风电功率预测系统的数据传输宜采用光纤传输方式。

e）调度端风电功率预测系统所用的测风数据应通过电力调度数据网由风电场上传。

f）测风塔数据可用率应大于99%。

5）风电场实时功率数据的采集周期应不大于1min，应取自风电场升压站计算机智能电网调度控制系统。

6）风电机组状态数据的采集周期应不大于15min，应通过电力调度数据网由风电场计算机智能电网调度控制系统上传。

7）风电场计划开机容量数据应与数值天气预报数据相对应，其中：

a）场站端风电功率预测系统的计划开机容量数据应通过手动方式录入。

b）调度端风电功率预测系统的计划开机容量数据应通过电力调度数据网由风电场上传。

（3）数据的处理。

1）所有数据存入数据库前应进行完整性及合理性检验，并对缺测和异常数据进行补充和修正。

2）数据完整性检验应满足：

a）数据的数量应等于预期记录的数据数量。

b）数据的时间顺序应符合预期的开始、结束时间，中间应连续。

3）数据合理性检验应满足：

a）对功率、数值天气预报、测风塔等数据进行越限检验，可手动设置限值范围。

b）对功率的变化率进行检验，可手动设置变化率限值。

c）对测风塔不同层高数据进行相关性检验。

d）根据测风数据与功率数据的关系对数据进行相关性检验。

4）缺测和异常数据宜按照下列要求处理：

a）以前一时刻的功率数据补全缺测的功率数据。

b）以装机容量替代大于装机容量的功率数据。

c）以零替代小于零的功率数据。

d）以前一时刻的功率数据替代异常的功率数据。

e）测风塔缺测及不合格数据以其余层高数据根据相关性原理进行修正，不具备修正条件的以前一时刻数据替代。

f）数值天气预报缺测及不合格数据以前一时刻数据替代。

g）所有经过修正的数据以特殊标示记录。

h）所有缺测和异常数据均可由人工补录或修正。

（4）数据的存储。数据的存储应符合下列要求：

1）存储系统运行期间所有时刻的数值天气预报数据。

2）存储系统运行期间所有时刻的功率数据、测风塔数据，并将其转化为15min平均值。

3）存储每次执行的短期风电功率预测的所有预测结果。

4）存储每15min滚动执行的超短期风电功率预测的所有预测结果。

5）预测曲线经过人工修正后存储修正后的所有预测结果。

6）调度机构的风电功率预测系统应存储风电场上报的所有预测结果。

7）所有数据至少保存10年。

3. 预测功能要求

应根据风电场所处地理位置的气候特征和风电场历史数据情况，采用适当的预测方法构建特定的预测模型进行风电场功率预测，根据预测时间尺度的不同和实际应用的具体需求，宜采用多种方法及模型，形成最优预测策略。

（1）预测的空间要求。

1）预测的基本单位为单个风电场。

2）风电场的风电功率预测系统应能预测本风电场的输出功率。

3）调度机构的风电功率预测系统应能预测单个风电场至整个调度管辖区域的风电输出功率。

（2）预测的时间要求。

1）短期风电功率预测应能预测次日零时起72h的风电输出功率，时间分辨率为15min。

2）超短期风电功率预测应能预测未来0~4h的风电输出功率，时间分辨率不小于15min。

（3）预测的执行方式。

1）短期风电功率预测应能够设置每日预测的启动时间及次数。

2）短期风电功率预测应支持自动启动预测和手动启动预测。

3）超短期风电功率预测应每15min自动执行一次。

（4）其他要求。

1）应支持设备故障、检修等出力受限情况下的功率预测。

2）应支持风电场扩建情况下的功率预测。

3）应支持多源数值天气预报数据的集合预报。

4）应能对风电功率预测曲线进行修正。

5）应能对预测曲线进行误差估计，预测给定置信度的误差范围。

4．统计分析

（1）数据统计。数据统计应符合以下要求：

1）参与统计数据的时间范围应能任意选定。

2）历史功率数据统计应包括数据完整性统计、分布特性统计、变化率统计等。

3）历史测风数据、数值天气预报数据统计应包括完整性统计、风速分布统计、风向分布统计等。

4）风电场运行参数统计应包括发电量、有效发电时间、最大出力及其发生时间、同时率、利用小时数及平均负荷率等参数的统计，并支持自动生成指定格式的报表。

风电同时率（*WPSF*）：$WPSF_i = \dfrac{P_{\mathrm{M}i}}{Cap}$

平均负荷率（*ALC*）：$ALC = \dfrac{\sum_{i=1}^{n} P_{\mathrm{M}i}}{\max(P_{\mathrm{M}i}) \cdot n}$

（2）相关性分析。应能对历史功率数据、测风数据和数值天气预报数据进行相关性统计，分析数据的不确定性可能引入的误差。

（3）误差统计。误差统计应符合以下要求：

1）应能对任意时间区间的预测结果进行误差统计。

2）应能对多个预测结果分别进行误差统计。

3）误差统计指标至少应包括均方根误差、平均绝对误差、相关性系数、最大预测误差等。

均方根误差（*RMSE*）：

$$RMSE = \frac{\sqrt{\sum_{i=1}^{n}(P_{\mathrm{M}i} - P_{\mathrm{P}i})^2}}{Cap \cdot \sqrt{n}}$$

平均绝对误差（*MAE*）：

$$MAE = \frac{\sum_{i=1}^{n}\left|P_{\mathrm{M}i} - P_{\mathrm{P}i}\right|}{Cap \cdot n}$$

相关性系数（*r*）：

$$r = \frac{\sum_{i=1}^{n}\left[(P_{\mathrm{M}i} - \bar{P}_{\mathrm{M}}) \cdot (P_{\mathrm{P}i} - \bar{P}_{\mathrm{P}})\right]}{\sqrt{\sum_{i=1}^{n}(P_{\mathrm{M}i} - \bar{P}_{\mathrm{M}})^2 \cdot \sum_{i=1}^{n}(P_{\mathrm{P}i} - \bar{P}_{\mathrm{P}})^2}}$$

最大预测误差（$\delta_{\max}$）：

$$\delta_{\max} = \max(\left|P_{\mathrm{M}i} - P_{\mathrm{P}i}\right|)$$

式中：$P_{\mathrm{M}i}$ 为 i 时刻实际功率；$P_{\mathrm{P}i}$ 为 i 时刻预测功率；$\bar{P}_{\mathrm{M}}$ 为所有样本实际功率的平均值；$\bar{P}_{\mathrm{P}}$ 为所有预测功率样本的平均值；*Cap* 为平均开机容量；*n* 为样本个数。

5. 界面要求

（1）展示界面。

1）应支持单个和多个风电场实时出力监视，以地图的形式显示，包括风电场的分布、风电场的实时功率及预测功率。

2）应支持多个风电场出力的同步监视，宜同时显示系统预测曲线、实际功率曲线及预测误差带；电网调度机构的风电功率预测系统还应能够同时显示风电场上报预测曲线。实际功率曲线应实时更新。

3）支持不同预测结果的同步显示。

4）应支持数值天气预报数据、测风塔数据、实际功率、预测功率的对比，提供图形、表格等多种可视化手段。

5）应支持时间序列图、风向玫瑰图、风廓线以及气温、气压、湿度变化曲线等气象图表的展示。

6）应支持统计分析数据的展示。

7）监视数据更新周期应不大于5min。

（2）操作界面。

1）应具备开机容量设置、调度控制设置及查询页面。

2）应支持异常数据定义设置，支持异常数据以特殊标识显示。

3）应支持预测曲线的人工修改。

4）应具备系统用户管理功能，支持用户级别和权限设置，至少应包括系统管理员、运行操作人员、浏览用户等不同级别的用户权限。

5）应支持风电场基本信息的查询。

（3）其他要求。应具备功率预测系统运行状态监视页面，实时显示系统运行状态。

6．安全防护要求

（1）调度机构和风电场的风电功率预测系统均应运行于电力二次系统安全区Ⅱ。

（2）风电功率预测系统应满足电力二次系统安全防护规定的要求。

7．数据输出

（1）调度机构的风电功率预测系统至少应提供次日96点单个风电场和区域风电功率预测数据；每15min提供一次未来4h单个风电场风电功率预测数据，预测值的时间分辨率为15min。

（2）风电场的风电功率预测系统应根据调度机构的要求向调度机构的风电功率预测系统至少上报次日96点风电功率预测曲线；每15min上报一次未来4h超短期预测曲线，预测值的时间分辨率不小于15min。

（3）风电场的风电功率预测系统向调度机构上报风电功率预测曲线的同时，应上报与预测曲线相同时段的风电场预计开机容量。

（4）风电场的风电功率预测系统应能够向调度机构的风电功率预测系统实时上传风电场测风塔的测风数据。

8. 性能要求

（1）调度机构的风电功率预测系统应至少可扩容至200个风电场。

（2）风电功率预测单次计算时间应小于5min。

（3）单个风电场短期预测月均方根误差应小于20%，超短期预测第4小时预测值月均方根误差应小于15%，限电时段不参与统计。

（4）系统硬件平均无故障时间（MTBF）应大于500000h。

（5）系统月可用率应大于99%。

2.2.3.2 光伏电站功率预测系统技术要求

1. 实时气象信息采集要求

（1）基本要求。光伏电站应配备实时气象信息采集系统，应包括直射辐射表、散射辐射表、总辐射表、环境温度计、光伏组件温度计、风速仪、风向标、数据处理传输设备、全天空成像仪等。

（2）站址要求。

1）气象信息采集系统应能反映光伏电站范围内的气象条件。

2）气象信息采集系统环境信息观测仪器感应元件平面以上应无任何障碍物，若不满足，应与障碍物保持一定距离，避免障碍物的阴影对感应元件的遮挡。不应靠近浅色墙面或其他易于反射阳光的物体，也不应暴露在人工辐射源之下。

（3）测量设备要求。

1）直接辐射表技术参数：

a）光谱范围：280~3000nm。

b）测量范围：$0\sim2000W/m^2$。

c）跟踪精度：24h小于 ±1°　。

d）灵敏度：$7\sim14V/(W\cdot m^2)$。

e）安装：自动跟踪装置。

2）散射辐射表技术参数。

a）光谱范围：280~3000nm。

b）测量范围：$0\sim2000W/m^2$。

c）灵敏度：$7\sim14V/(W\cdot m^2)$。

3）总辐射表技术参数。

a）光谱范围：280~3000nm。

b）测量范围：0~2000W/m^2。

c）测量精度：≤5%。

d）灵敏度：7~14V/（W·m^2）。

e）安装：水平安装。

4）风速传感器。

a）测量范围：0~50m/s。

b）测量精度：<±0.5m/s。

c）工作环境温度：40~60℃。

5）风向传感器。

a）测量范围：0~360°。

b）测量精度：±2.5°。

c）工作环境温度：40~60℃。

6）湿度传感器。

a）相对湿度测量范围：0~100%。

b）相对湿度测量精度：±8%。

7）大气压力传感器。

a）测量范围：500~1100hPa。

b）测量精度：±0.3hPa。

c）工作环境温度：40~60℃。

8）环境温度传感器。

a）测量范围：40~60℃。

b）测量精度：±0.5℃。

9）组件温度传感器。

a）测量范围：50~150℃。

b）测量精度：±0.5℃。

10）数据记录仪。

a）输入通道数：≥8。

b）准确度：0.5%。

c）数据存储容量：记录3个月数据。

d）工作温度：40~60℃。

11）全天空成像仪。

a）图像解析度：≥352×288色彩，24bit，JPEG格式。

b）采样速度：可调，时间间隔不能大于5min。

c）工作温度：40~60℃。

2. 预测数据要求

（1）基本要求。光伏电站功率预测所需的数据至少应包括数值天气预报数据、实时气象数据、实时功率数据、运行状态、计划检修信息等。

（2）数据的采集。

1）数值天气预报数据应满足以下要求：

a）应至少包括次日零时起未来3天的数值天气预报数据，时间分辨率为15min。

b）数据至少应包括辐照强度、云量、气温、湿度、风速、风向、气压等参数。

c）每日至少提供两次数值天气预报数据。

2）实时气象数据应满足以下要求：

a）实时气象数据应取自光伏电站的实时气象信息采集系统。

b）数据至少应包括总辐射、直接辐射、散射辐射、环境温度、湿度、光伏组件温度、风速、风向、气压等参数。

c）数据传输应采用光纤传输方式，传输时间间隔应不大于5min。

d）数据可用率应大于99%。

3）实时功率数据、设备运行状态应取自光伏电站计算机智能电网调度控制系统，采集时间间隔应不大于5min。

4）所有数据的采集应能自动完成，并能通过手动方式补充录入。

5）所有实时数据的时间延迟应不大于1min。

（3）数据的处理。

1）所有数据存入数据库前应进行完整性及合理性检验，并对缺测和异常数据进行补充和修正。

2）数据完整性检验应满足：

a）数据的数量应等于预期记录的数据数量。

b）数据的时间顺序应符合预期的开始、结束时间，中间应连续。

3）数据合理性检验应满足：

a）对功率、数值天气预报、实测气象数据进行越限检验，可手动设置限值范围。

b）根据实测气象数据与功率数据的关系对数据进行相关性检验。

4）缺测和异常数据宜按下列要求处理：

a）以前一时刻的功率数据补全缺测或异常的功率数据。

b）以零替代小于零的功率数据。

c）缺测或异常的气象数据可根据相关性原理由其他气象要素进行修正；不具备修正条件的以前一时刻数据替代。

d）所有经过修正的数据以特殊标识记录并可查询。

e）所有缺测和异常数据均可由人工补录或修正。

（4）数据的存储。数据的存储应符合下列要求：

1）存储系统运行期间所有时刻的数值天气预报数据。

2）存储系统运行期间所有时刻的功率数据、实时气象数据。

3）存储每次执行的短期功率预测的所有预测结果。

4）存储每15min滚动执行的超短期功率预测的所有预测结果。

5）预测曲线经过人工修正后存储修正前后的所有预测结果。

6）所有数据至少保存10年。

3. 预测系统软件要求

（1）基本要求。应根据光伏电站的具体特点，结合光伏电站的历史及实测数据，采用适当的预测方法构建预测模型，在此基础上建立光伏电站功率预测系统。

光伏电站功率预测系统软件应包括数值天气预报处理模块、实时气象信息处理模块、短期预测模块、超短期预测模块、系统人机界面、数据库、数据交换接口等。

（2）预测系统软件配置要求。预测系统应满足《电力二次系统安全防护规定》（电监会5号令）的要求。

1）预测系统应配置通用、成熟的商用关系型数据库，用于数据、模型及参数的存储。

2）预测系统软件应在统一的支撑平台上实现，具有统一风格的人机界面，并采用公共电力系统模型接口。

3）预测系统软件应采用模块化划分，单个功能模块故障不影响预测系统的运行。

4）预测系统应具有可扩展性，支持用户和第三方应用程序的开发。

5）预测系统应采用权限管理机制，确保系统操作的安全性。

（3）预测模型要求。

1）短期功率预测应满足下列要求：

a）应能预测次日零时起至未来72h的光伏电站输出功率，时间分辨率为15min。

b）短期预测模型的输入包括数值天气预报等数据，从而获得预测功率。

c）短期预测模型应考虑检修、故障、扩容等不确定因素对光伏电站输出功率的影响。

d）预测模型应具有多样性，可满足新建、已建光伏电站的功率预测。

e）应采用多种预测方法建立预测模型，形成最优预测策略。

f）短期预测每日宜执行两次，单次计算时间应小于5min。

2）超短期功率预测应满足下列要求：

a）能预测未来15min~4h的光伏电站输出功率，时间分辨率为15min。

b）超短期预测模型的输入应包括实测功率数据、实测气象数据及设备状态数据等。

c）宜采用图像识别技术对全天空成像仪的实测图形进行分析，判断云层运动及对光伏电站的遮挡情况，进而实现对超短期功率波动的预测。

d）超短期预测应15min执行一次，动态更新预测结果，单次计算时间应小于5min。

（4）人机界面要求。

1）应具备光伏电站出力监视页面，以地图形式展示光伏电站布局，至少同时显示实际功率、预测功率及各实测气象要素，数据更新时间应不大于5min。

2）应具备光伏电站出力的曲线展示页面，应同时显示系统预测曲线、实际功率曲线，实际功率曲线应动态更新且更新时间应不大于5min。

3）应具备历史数据的曲线查询页面，至少提供日、周等时间区间的曲线展示，页面查询时间应小于1min。

4）应提供数据统计分析页面，提供饼图、棒图、表格等多种可视化展示手段。

5）系统页面应采用统一的风格，页面布局合理，便于运行人员使用。

（5）数据统计要求。

1）应能对光伏电站运行参数、实测气象数据及预测误差进行统计。

2）运行参数统计应包括发电量、有效发电时间、最大出力及其发生时间、利用小时数及平均负荷率等。

3）气象数据统计应包括各气象要素的平均值及曝辐量、日照时数、可照时数等。

4）预测误差统计指标至少应包括均方根误差、平均绝对误差、相关性系数、最大预测误差、合格率等。

5）参与统计数据的时间范围应能任意选定，可根据光伏电站所处地理位置的日出日落时间自动剔除夜间时段。

6）各指标的统计计算时间应小于1min。

4．硬件要求

（1）光伏电站功率预测系统硬件至少应包括数值天气预报服务器、系统应用服务器、物理隔离装置、人机工作站，可根据需要选用数据库服务器、网络交换设备、硬件防火墙等。

（2）应采用主流的服务器，支持集群、磁盘阵列（RAID）等技术特性，支持双路独立电源输入，采用机架式安装，宜采用冗余配置。

（3）工作站宜采用主流硬件厂商的图形工作站，应具有良好的可靠性和可扩展性。

（4）物理隔离装置应通过国家指定部门检测认证。

（5）根据需要选择交换机、防火墙、路由器等必要设备。

5．部署要求

（1）光伏电站功率预测系统的部署方案应满足《电力二次系统安全防护规定》（电监会5号令）的要求。

（2）光伏电站功率预测系统应运行于电力二次系统安全区Ⅱ，满足电力调度数据网接入要求。

（3）光伏电站功率预测系统应与调度计划系统相接口。

6．性能指标

（1）光伏电站发电时段（不含出力受控时段）的短期预测月均方根误差应小于0.2，月合格率应大于80%；超短期预测第4小时月均方根误差应小于0.2，月合格率应大于80%。

（2）所有计算机的CPU负荷率在正常状态下任意5min内小于30%，峰值负荷率小于50%。

（3）系统服务器平均无故障时间（MTBF）应不小于30000h。

（4）系统月可用率应大于99%。

2.3 电压运行要求

2.3.1 风电场电压特性要求

当风电场并网点电压在标称电压的90%~110%之间时，风电机组应能正常运行；当风电场并网点电压超过标称电压的110%时，风电场的运行状态由风电机组的性能确定。

2.3.1.1 风电场电压控制

1. 基本要求

风电场应配置无功电压控制系统，具备无功功率调节及电压控制能力。根据调度机构指令，风电场自动调节其发出（或吸收）的无功功率，实现对风电场并网点电压的控制，其调节速度和控制精度应能满足电力系统电压调节的要求。

2. 控制目标

当公共电网电压处于正常范围内时，风电场应当能够控制风电场并网点电压在标称电压的97%~107%范围内。

2.3.1.2 风电场电压穿越要求

1. 低电压穿越

（1）基本要求。风电场应具备低电压穿越能力。风电场并网点电压跌至20%标称电压时，风电机组应保证不脱网连续运行625ms；风电场并网点电压在发生跌落后2s内恢复到标称电压的90%时，风电机组应保证不脱网连续运行。风电机组低电压穿越要求如图2-1所示。

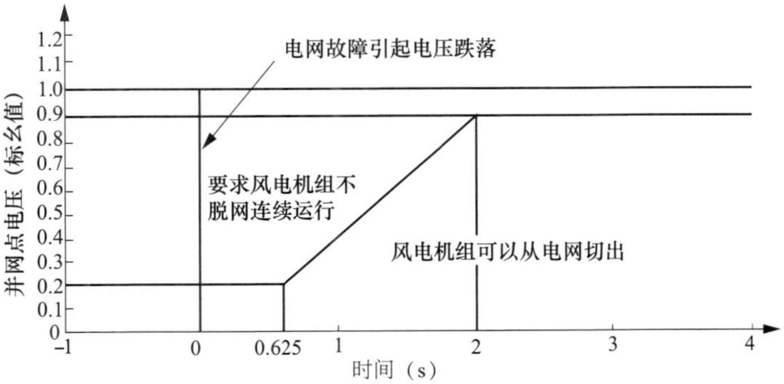

图 2-1 风电机组低电压穿越要求

（2）故障类型及考核电压。电力系统发生不同类型的故障时，若风电场并网点考核电压全部在图2-1中电压轮廓线及以上的区域内，则风电机组必须保证不脱网连续运行；否则，允许风电机组切出。针对不同故障类型，风电场低电压穿越考核电压见表2-1。

表 2-1　　风电场低电压穿越考核电压

故障类型	考核电压
三相短路故障	风电场并网点线电压
两相短路故障	风电场并网点线电压
单相接地短路故障	风电场并网点相电压

（3）有功恢复。对电力系统故障期间没有切出的风电场，其有功功率在故障清除后应快速恢复，自故障清除时刻开始，以至少每秒10%额定功率的功率变化率恢复至故障前的值。

（4）动态无功支撑能力。总装机容量在百万千瓦级规模及以上的风电场群，当电力系统发生三相短路故障引起电压跌落时，每个风电场在低电压穿越过程中应具有以下动态无功支撑能力：

1）当风电场并网点电压处于标称电压的20%~90%之间时，风电场应能够通过注入无功电流支撑电压恢复；自并网点电压跌落出现的时刻起，动态无功电流控制的响应时间应不大于75ms，持续时间应不少于550ms。

2）风电场注入电力系统的动态无功电流

$$I_T \geqslant 1.5 \times (0.9 - U_T) I_N \qquad (0.2 \leqslant U_T \leqslant 0.9)$$

式中：U_T为风电场并网点电压标幺值；I_N为风电场额定电流。

2. 高电压穿越

为保证电网安全稳定运行，结合我国电网运行的实际需要，有研究机构提出了对风电机组高电压穿越能力的要求，如图2-2所示。

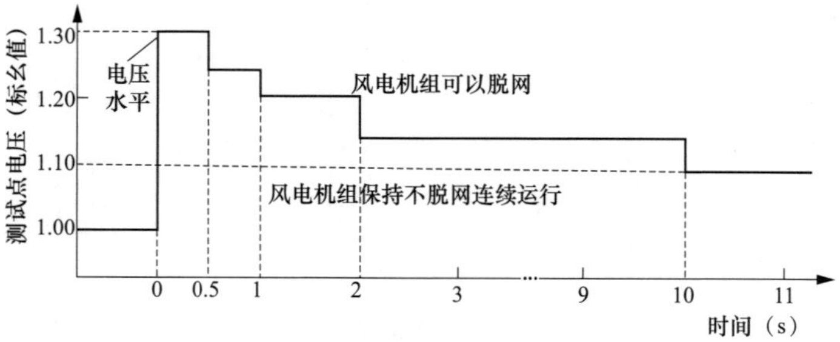

图 2-2　我国风电机组高电压穿越要求

（1）基本要求。当电网发生故障或扰动引起高压侧电压升高时，风电机组高压侧各线电压（相电压）在电压轮廓线及以下的区域内时，风电机组必须保证不脱网连续运行，否则允许风电机组脱网。

1）电网高电压期间，风电机组有功功率应能正常输出。

2）风电机组应能够在电压升高出现的时刻快速响应，通过无功电流注入支撑电压恢复。

（2）风电场高电压穿越的具体要求见表 2-2。

表 2-2　　风电场高电压穿越的具体要求

并网点工频电压值（标幺值）	运行时间
$0.9 < U_T \leq 1.10$	连续运行
$1.10 < U_T \leq 1.15$	具有每次至少运行 10s 的能力
$1.15 < U_T \leq 1.20$	具有每次至少运行 5s 的能力
$1.20 < U_T \leq 1.30$	具有每次至少运行 2s 的能力
$1.30 < U_T$	具有每次至少运行 1s 的能力

2.3.2 光伏电站电压特性要求

当光伏电站并网点电压在标称电压的 90%~110% 之间时，光伏发电单元应能正常运行；当光伏电站并网点电压超过标称电压的 110% 时，光伏电站的运行状态由光伏发电单元的性能确定。

2.3.2.1 光伏电站电压控制

1．基本要求

光伏电站应配置无功电压控制系统，具备无功功率调节及电压控制能力。根据电力系统调度机构指令，光伏电站自动调节其发出（或吸收）的无功功率，实现对光伏电站并网点电压的控制，其调节速度和控制精度应能满足电力系统电压调节的要求。

2．控制目标

当公共电网电压处于正常范围内时，光伏电站应当能够控制并网点电压在标称电压的 97%~107% 范围内。

2.3.2.2 光伏电站电压穿越要求

1．低电压穿越

光伏电站应具备零电压穿越能力。光伏电站并网点电压跌至 0% 时，光伏电站应能不脱网连续运行 0.15s；光伏电站并网点电压在发生后 2s 内恢复到标称电压的90%时，光伏发电单元应保证不脱网连续运行。光伏电站零电压穿越要求如图2-3所示。

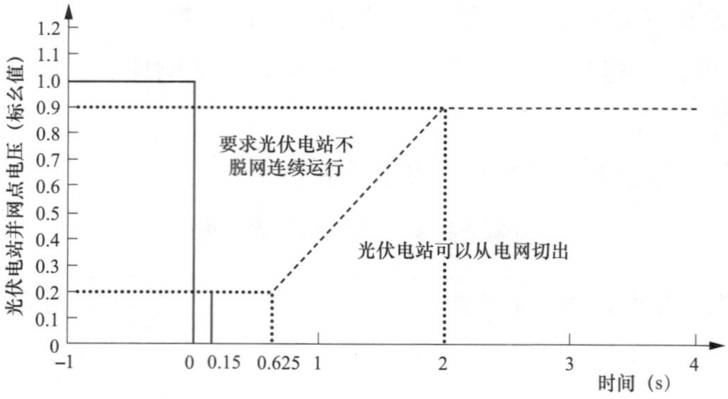

图 2–3　光伏电站零电压穿越要求

通过比较图2-2和图2-3可知，在低电压穿越能力方面，对光伏电站的要求更高些。

2. 高电压穿越

为保证电网安全稳定运行，结合电网运行实际需要，我国制定了光伏逆变器高电压穿越能力的要求，如图2-4所示，具体要求如下：

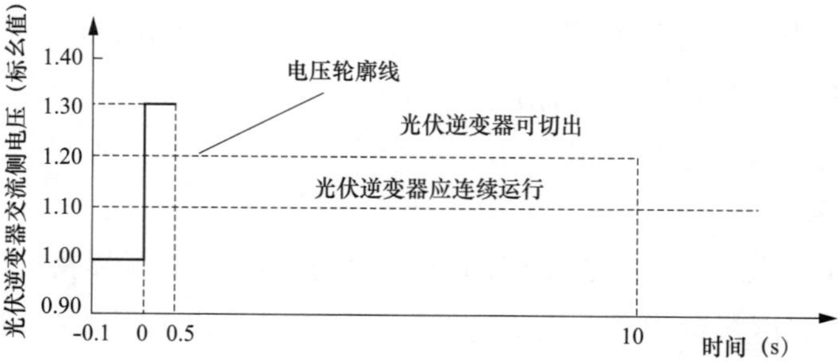

图 2–4　光伏逆变器高电压穿越要求

（1）基本要求。当电网发生故障或扰动引起高压侧电压升高，光伏逆变器高压侧各线电压（相电压）在电压轮廓线及以下的区域内时，光伏逆变器必须保证不脱网连续运行；否则，允许光伏逆变器脱网。

（2）有功与无功功率要求：

1）电网高电压期间，光伏逆变器有功功率应能正常输出。

2）光伏逆变器应能够自电压升高出现的时刻起快速响应，通过无功电流注入支撑电压恢复。

第 3 章　新能源发电自动化技术

随着新能源行业的不断发展和进步，新能源自动化设备及应用潜力巨大，发展势头良好，各种功能层出不穷，发展方向彰显扩张性。因此，为了更好地进行能源供应，电力系统实现自动化可以更有效地保证电力系统的安全稳定运行。电力自动化系统在应用和功能上不断进行改变，对电力系统设备控制实现了更好地调控，可根本上提升自动化设备技术在新能源行业中的作用与功能。也就是说，自动化应用技术与新能源行业的发展息息相关，共存共在。

3.1　调度自动化系统功能和性能指标要求

3.1.1 调度自动化系统功能

调度自动化系统主要包括数据采集与监控系统、能量管理系统，系统根据本身特有的规律，应用自动控制原理，采用自动控制装置实现电力生产的安全可靠运行。

3.1.1.1 实时信息采集和处理

（1）实时信息采集。智能电网调度控制系统通过I/O测控装置实时采集模拟量、状态量、脉冲量及数字量；通过智能设备接口接收来自其他智能装置的数据。I/O数据采集单元对所采集的实时信息进行数字滤波、有效性检查、工程值转换、信号触点抖动消除、刻度计算等加工，从而提供可应用的电流、相电压、有功功率、无功功率、功率因数等各种实时数据，并将这些实时数据传送至站控层和各级调度机构、集控中心。智能电网调度控制系统应能与保护测控装置进行数据通信，收集各保护测控装置的录波信息，通过必要的软件，对事故进行分析。

（2）实时信息处理。实时信息处理分为模拟量处理和状态量处理。模拟量处理按扫描周期定时采集数据并进行相应的转换、滤波、精度检验及数据库更新，按设置的限值对模拟量进行死区判别和越限报警，其报警信息应包括报警条文、参数值及报警时间等内容。状态量处理按快速扫描方式周期采集输入量并进行状态检查及数据库更新，当被监测的设备状态发生变化时，应出现设备变位指示或异常报警，其报警信息应包括报警条文、事件性质及报警时间。

3.1.1.2 数据库的建立与维护

（1）数据库的建立分为实时数据库和历史数据库，实时数据库中的每一个检测点，都可以由用户事先定义并按设定的周期，以秒、分、时、日、月、年等时间间隔转存入历史数据库。对于状态量变位、事件、越限等信息，应按时间顺序分类保存在历史事件库中，保存时间可由用户自定义为几个月、几年等。

（2）数据库应便于扩充和维护，应保证数据的一致性、安全性；可在线修改或离线生成数据库；用人—机交互方式对数据库中的各个数据项进行修改和增删。可修改的主要内容有各数据项的编号，各数据项的文字描述，对开关量的状态描述，各输入量报警处理的定义，模拟量的各种限值，模拟量的采集周期，模拟量越限处理的死区，模拟量转换的计算系数，开关量状态正常、异常的定义，电量计算的各种参数，输出控制的各种参数。对多个开关量的逻辑运算定义等，可方便地交互式查询和调用。

3.1.1.3 控制操作

智能电网调度控制系统控制功能包括自动调节控制和人工操作控制两种。

自动调节控制，由站内操作员站或远方控制中心设定其是否采用。它可以由运行人员投入/退出，而不影响正常运行。在自动控制过程中，程序遇到任何软、硬件故障均应输出报警信息，停止控制操作，并保持所控设备的状态。

人工操作控制，操作员可对需要控制的电气设备进行控制操作。智能电网调度控制系统应具有操作监护功能，允许监护人员在操作员站上实施监护，避免误操作；当一台工作站发生故障时，操作人员和监护人员可在另一台工作站上进行操作和监护。

3.1.1.4 报警处理

智能电网调度控制系统应具有事故报警和预告报警功能。事故报警包括非正常操作引起的断路器跳闸和保护装置动作信号；预告报警包括一般设备变位、状态异常信息、模拟量或温度量越限等。

3.1.1.5 事件顺序记录及事故追忆

当新能源场站一次设备出现故障时，将引起继电保护动作、断路器跳闸，事件顺序记录功能应将事件过程中各设备动作顺序，带时标记录、存储、显示、打印，生成事件记录报告，以供查询。系统应保存1年的事件顺序记录条文。事件分辨率：测控装置不大于1ms，站控层不大于2ms。事件顺序记录应带时标及时送往调度主站。

事故追忆范围为事故前1min到事故后2min的所有相关模拟量值，采样周期与实时系统采样周期一致。系统可生成事故追忆表，以显示、打印方式输出。

3.1.1.6画面生成及显示

系统应具有电网拓扑识别功能，实现带电设备的颜色标识。所有静态和动态画面应存储在画面数据库内。应具有图元编辑、图形制作功能，使用户能够在任一台主计算机或人机工作站上均能方便直观地完成实时画面的在线编辑、修改、定义、生成、删除、调用和实时数据库连接等功能，并且对画面的生成和修改应能够通过网络广播方式给其他工作站。在主控室运行工作站显示器上显示的各种信息应以报告、图形等形式提供给运行人员。

3.1.1.7在线计算

系统应向操作人员提供方便的实时计算功能。应具有加、减、乘、除、积分、求平均值、求最大值和最小值、逻辑判断，以及进行功率总加、电量分时累计等计算功能。供计算的值可以是采集量、人工输入量或前次计算量，这些计算从数据库取变量数据，并把计算结果返送数据库。计算结果应可以处理和显示，并可以对计算结果进行合理性检查。

3.1.1.8报表

智能电网调度控制系统应能生成不同格式的生产运行报表。报表要求能实时及定时显示，召唤及定时打印，生产运行报表应可编辑、修改、定义、增加和减少。

3.1.1.9远动功能

智能电网调度控制系统配置主/备远动通信设备，实现无扰动自动切换，通过以太网与站级计算机系统相连接，实现站内全部实时信息向各级调度和电力数据网、集控中心发送或接收控制和修改命令。远动通信设备具有远动数据处理、规约转换及通信功能，满足调度自动化的要求，并具有网络口输出能力，能同时适应通过调度数据网通道与各级调度端主站系统通信的要求。

3.1.1.10时钟同步

智能电网调度控制系统设备应从站内时间同步系统获得授时（对时）信号，保证各工作站和I/O测控装置的时间同步达到1ms精度要求。当时钟失去同步时，应自动告警并记录事件。智能电网调度控制系统的对时接口优先选用IRIG-B对时方式。

3.1.1.11 人机处理

人机处理是值班员与计算机对话的窗口，值班员可借助鼠标或键盘方便地在屏幕上与计算机对话，应包括调用、显示和拷贝各种图形、曲线、报表；发出操作控制命令；数据库定义和修改；各种应用程序的参数定义和修改；查看历史数值以及各项定值；图形及报表的生成、修改；报警确认，报警点的退出/恢复；操作票的显示、在线编辑和打印；日期和时钟的设置；运行文件的编辑、制作。

3.1.1.12 系统自诊断和自恢复

系统应具有自诊断和自恢复的功能。系统应具有自监测的功能，应提供相应的软件给操作人员，使其能对计算机系统的安全与稳定进行在线监测。系统应能够在线诊断系统硬件、软件及网络的运行情况，一旦发生异常或故障应立即发出告警信号并提供相关信息。应具有看门狗和电源监测硬件，系统在软件死锁、硬件出错或电源掉电时，能够自动保护实时数据库。在故障排除后，能够重新启动并自动恢复正常的运行。某个设备的换修和故障，应不会影响其他设备的正常运行。

3.1.2 系统性能指标要求

智能电网调度控制系统至少应满足以下性能指标要求：

（1）模拟量测量误差：≤0.2%。

（2）电网频率测量误差：≤0.01Hz。

（3）事件顺序记录分辨率（SOE）：

1）站控层：≤2ms；

2）间隔层测控装置：≤1ms。

（4）模拟量越死区传送时间（至站控层显示器）：≤2s。

（5）开关量变位传送时间（至站控层显示器）：≤1s。

（6）遥测信息响应时间（从I/O输入端至远动工作站出口）：≤3s。

（7）遥信变化响应时间（从I/O输入端至远动工作站出口）：≤2s。

（8）控制命令从生成到输出的时间：≤1s。

（9）双机系统可用率：≥99.9%。

（10）控制操作正确率：100%。

（11）站控层平均无故障间隔时间（MTBF）：≥20000h。

（12）间隔级测控装置平均无故障间隔时间：≥30000h。

（13）各工作站的CPU平均负荷率：

1）正常时（任意30min内）：≤30%；

2）电力系统故障时（10s内）：≤50%。

（14）网络负荷率：

1）正常时（任意30min内）：≤20%；

2）电力系统故障时（10s内）：≤40%。

（15）模数转换分辨率：≥12位。

（16）整个系统对时精度：≤1ms。

3.2　接口及通信技术规约形式

电力系统运动装置是远距离传送电力系统信息，以实现对远方厂站进行监控的设备，是调度自动化系统的重要组成部分。

3.2.1 光伏电站主要远动信息规约

IEC 60870-5-104（简称104规约）是IEC 60870-5-101的网路访问，是目前国内数据通信常用的传输规约方式，采用标准传输规约集的IEC 60870-5-101网络访问与IEC 60870-5-104等同采用。

当连接建立后，连接上的用户数据传输不会从被控站自动激活。即当一个连接建立时停止（STOPDT）处于缺省状态。在这种状态下，被控站并不通过这个连接发送任何数据，除了未编号的控制功能和对这些功能的确认。控制站必须通过这个连接发送一个启动（STARTDT）指令来激活这个连接中的用户数据传输。被控站用STARTDT响应这个命令。如果STARTDT没有被确认，那么这个连接将被控制站关闭。这意味着被控站初始化之后，STARTDT必须在来自被控站的任何用户数据传输（如一般的询问信息）开始前发送。任何被控站的待发用户数据都只有在STARTDT被确认后才发送。

3.2.2通信功能及原理

3.2.2.1 主要功能

平台网络管理软件对网络通信功能进行冗余设计，使网络通信即使在单一网络部件出现故障的情况下仍然能保持通信的不间断运行，从而保证整个系统正常工作。

系统采用Linux操作系统的Bonding驱动技术，切换速度快，实时性好，配置灵活，实现方便，对应用透明，具有更高的效率和更强的灵活性，在实现冗余的同时实现负荷均衡。

3.2.2.2 工作原理

智能电网调度控制系统建立在集成的、高速双向通信网络的基础上，通过先进的传感和测量技术、先进的设备技术、先进的控制方法以及先进的决策支持系统技术的应用，系统采用双机双网冗余式架构，网卡状态采集进程定时向内核驱动请求网卡状态和信息，由网卡驱动接口提取网卡寄存器，然后把相关信息和统计的状态返回到用户空间，最后网卡状态采集进程通过发送用户数据报协议（UDP）广播报文传送给网卡状态处理进程。网卡状态采集进程运行在每个节点。

网卡状态处理进程接收到网卡采集进程的UDP广播报文后，根据报文类型，写入本地实时数据库，并将报警信息通过消息总线发送给平台报警处理进程。网卡状态处理进程仅运行在主备服务器节点，如图3-1所示。

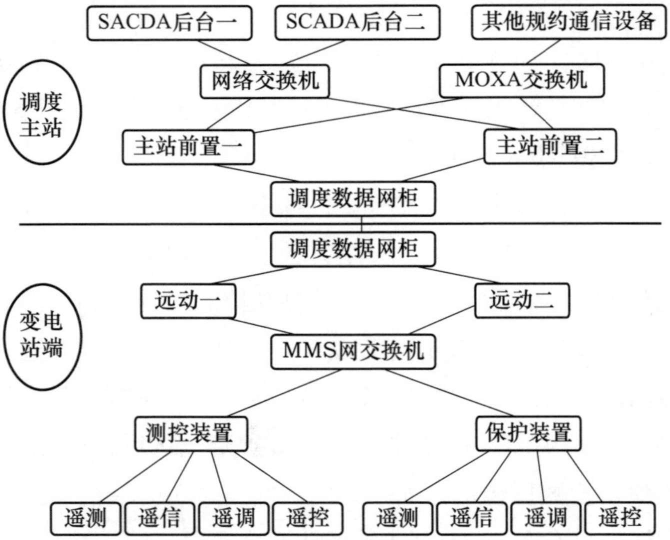

图3-1　站端数据上送调度流程图

3.3　智能电网调度控制系统配置的原则方案

智能电网调度控制系统由基础平台和实时监控与预警、调度计划、安全校核、调度管理四类应用组成。本节确定了系统的构成、功能定位和性能指标，以及应用和平台之间、应用之间和应用内部功能之间的逻辑关系。

智能电网调度控制系统以“横向集成、纵向贯通”为目标，实现调度端所有自动化应用系统的“平台一体化、监视控制协调化、调度决策智能化、调度运行互备化、生产管理统一化和信息应用标准化”，满足统一坚强智能电网对调度运行、控制的要求。

3.3.1 系统总体架构

调度智能电网调度控制系统的总体架构如图 3-2 所示。

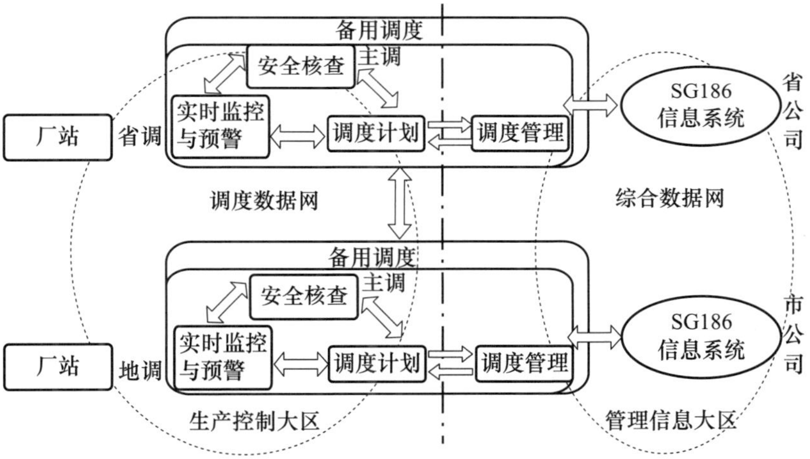

图 3-2 调度智能电网调度控制系统的总体架构

主调系统和备调系统应采用完全相同的系统体系架构，具有相同的功能并实现主、备调的一体化运行；横向上，调度系统内通过统一的基础平台实现四类应用的一体化运行以及与公司信息系统的交互，实现主、备调间各应用功能的协调运行以及主、备调系统维护与数据的同步；纵向上，通过基础平台实现各级调度控制系统间的一体化运行和模型、数据、画面的源端维护与系统共享，通过调度数据网双平面实现厂站与调控机构之间、各调控机构之间的数据采集和交换；系统应满足国家电力监管委员会和国家发展和改革委员会的相关要求。在一个调度中心内部，技术支持系统的基础平台总体架构如图 3-3 所示。

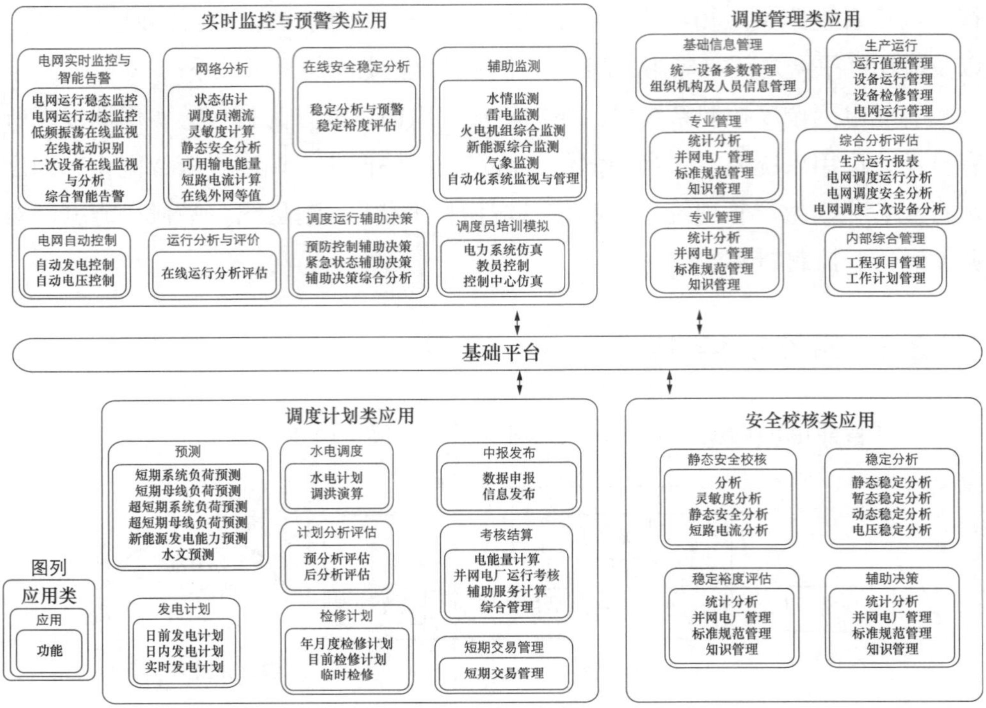

图 3-3　技术支持系统的基础平台总体架构

智能电网调度控制系统功能分为实时监控与预警、调度计划、安全校核和调度管理四类，突破了传统安全分区的约束，完全按照业务特性。如图3-3所示，将系统整体框架分为应用类、计划类、功能类、服务类四个层次。应用类由一组业务需求性质相似或者相近的应用构成，用于完成某一类的业务工作；计划类由一组互相紧密关联的数据分析模块组成，用于完成某一方面的业务工作评估预测；功能类由一个或者多个服务组成，用于完成一个特定业务需求，最小化的功能可以没有服务；服务类是组成功能最小颗粒度被重用的程序。

3.3.2 硬件结构

系统硬件配置按照网段划分为数据采集与交换、数据存储、人机和应用四类。数据采集与交换处于专用数据内网，主要完成纵向数据的信息采集与交换；按照数据特性，数据存储和应用相对独立，Ⅰ、Ⅱ区进行统一的基于SAN的数据存储，遵循安全防护的要求，Ⅲ区配置另外一套SAN的数据存储；根据不同应用的业务特性来配置相应的应用服务器群；人机工作站按照安全区统一配置，既可节省硬件投资，又能实现界面统一，实现最大化的资源共享。

3.3.2.1 基础平台

基础平台环境搭建，实现系统最基本的平台功能，为其他应用功能部署打下坚实的基础。基础平台部分包含系统管理、关系数据库、实时数据库、公共服务、人机界面、权限管理等功能。

3.3.2.2 前置采集

前置数据采集支持专用通道和网络通道的数据采集、通信状况监视以及各种灵活的配置方式。系统采用通信规约库，支持用户新增规约，支持多种通信规约和网络协议，允许用户以人机对话方式方便的定义、修改各个通信口的通信规约。系统具备接入电力调度数据网功能，可以与上下级调度实现数据交换功能。

前置功能模块可对变电站工况进行监视，将通道的投退次数、投退时间、误码率、值班机、使用规约、RTU 地址、端口号以表格的形式反映在画面上，可以进行直观监视。

前置功能模块可显示通道原码、通道报文及变电站实时数据（包括各通道实时数据），也可分类显示数据，具有报文翻译的功能，可校验报文的正确性，并可手动下发对时、总召命令，所有保存的报文可转换为文本文件长期保存，为日常维护工作提供极大的便利。

3.3.2.3 数据采集与监视控制（SCADA）

SCADA 系统具备控制与调节、事件/报警处理、事件顺序记录、事故追忆与反演、自动旁路代、自动对端代、遥测遥信关联校验等功能。

操作与控制模块能够正确通过右键操作遥测、遥信完成以下查询功能：参数检索、前置信息、遥测（遥信）封锁/解除封锁、遥测（遥信）置数、今日曲线（今日变位）、遥测（遥信）抑制告警/恢复告警、今日越限、遥信对位等。遥测（遥信）抑制告警后，该遥测（遥信）的所有告警信息都不会上告警窗，但会登录告警库中。新能源场站上送的异常信息均在画面中具有明显提示，系统还能根据动态拓扑连接关系，监视一次设备的运行工况。

3.3.2.4 状态估计（PAS）

PAS 功能模块包括网络建模、网络拓扑分析、状态估计、调度员潮流、系统负荷预报、静态安全分析功能。

网络建模功能具备错误提示与定位功能，实现电网各元件的电气连接关系以及参数录入 NAS 网络数据库，并验证模型参数与拓扑关系的正确性，辨识各种参数和节点号错误。

PAS 根据 SCADA 的遥测遥信信息，估计出系统完整的运行状态。它可以检验开关状态，去除不良数据，计算出比SCADA遥测数据更准确的运行方式，以及未装量测的设备潮流，而且能计算出难以测量的电气量。

3.3.2.5 自动发电控制（AGC）

新能源场站有功控制模式基于计划曲线下发方式，不同于常规能源电厂的控制指令下发方式，考虑到光伏电站接收一天每5min一点的288个全天计划值，同时为保证计划下发的时效性，当控制模式切换时，下发更新后的计划值。

在省地协调控制时，将省调下发的新能源场站控制指令值作为新能源场站的指令值，并将新能源场站投入“自由模式”，按指令出力调节新能源场站上网功率。

3.3.2.6 综合智能告警

智能模块包含告警直传、远程调阅等功能。告警直传用于解决在主站端浏览站端告警信息，实现对变电站设备的远方监控。远程调阅是值班运行人员可以在任何时间浏览当地下级站端系统中的实时画面，对下级站端系统的运行状况、潮流走向、设备位置、光字信号等进行直观了解。

3.3.2.7 网页浏览系统（Web）

Web系统满足非SCADA系统用户通过网络间接浏览SCADA系统。Web服务器位于安全Ⅲ区，通过正向物理隔离装置与安全Ⅰ区隔离，完全满足《电力二次系统安全防护》（电监会5号令）的要求，防止非法入侵，以保证系统的安全性。系统可以实现对不同级别的用户提供不同级别的访问权限，提供不同的数据、页面、图形和功能；内网用户可以方便地实现对电网实时数据、历史数据、画面、曲线、报表的Web浏览，还可以实现对历史数据进行查询和检索，如图3-4所示。

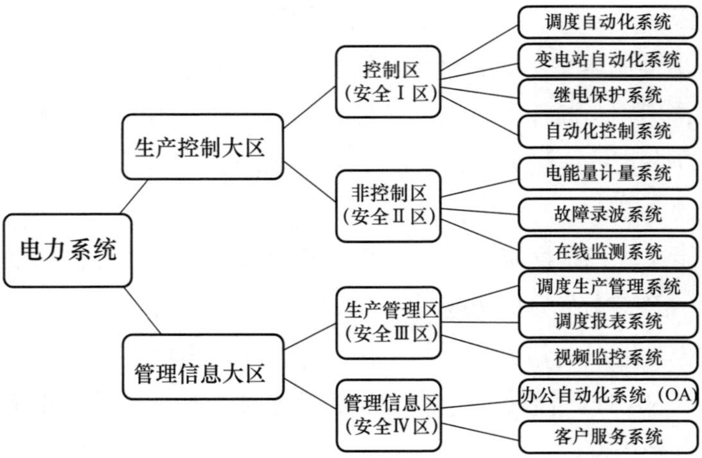

图3-4 智能电网调度控制系统结构图

3.3.3 软件架构

具体的软件应用功能包括基础平台、实时监控与分析类应用（实时监控与智能告警、网络分析、水电及新能源监测分析、辅助监测、运行分析与评价、调度员培训模拟）、调度计划类应用（系统负荷预测、母线负荷预测、新能源发电量预测）。

1. 系统管理

系统管理包括系统的启停管理，各个节点上应用状态的监视、主备状态的监视、主备切换功能，应用服务器的节点监视，系统所占用的CPU、磁盘资源及网络状态的监视。

2. 公共服务及其界面工具

告警窗能够及时反映系统内的告警信息，以及语音告警和告警推画面等功能。能够在告警界面上进行告警确认等操作，告警查询工具能够根据用户输入的查询时间和厂站等条件，查询出该时间段内的告警，同时用户能够保存查询模板到数据库中。

3. 权限定义

权限定义可提供图形界面供用户定义功能、角色、用户和组等系统权限实体，可完成添加、修改和删除功能、角色、用户和组等权限实体。

4. 断面管理

断面管理可对数据断面、模型断面、图形断面进行保存、修改、删除、筛选等管理。

5. 公式定义

公式定义是对实时自定义计算公式进行定义，能完成公式的浏览、修改、添加、删除等各类操作。

6. 检索器

检索器用于对实时库表数据进行快速定位，包括多级索引定位、拖拽发送数据、按拼音快速查找等功能。

7. 数据库维护工具

数据库维护工具是对实时数据进行记录的查询、插入、快捷保存、多域排序、多条件检索等功能的操作。

8. 总控台

通过总控台（sys_console）工具查看系统信息显示，登录、切换用户等提供图形界面供用户登录整个系统，启动各个应用程序查看相关信息。

3.3.4 新能源功率预测

新能源功率预测主要由新能源运行监测、新能源运行趋势分析两个基本功能模块构成，主要实现技术途径为建立基础信息模型，与电网基本元素进行关联，在此基础上采用可视化方法对风电场、光伏电站的运行进行监视和趋势分析，并支持新能源调度计划制作等应用。

3.3.5 二次设备在线监视与分析

二次设备在线监视与分析功能应实现对继电保护装置、安全自动装置等二次设备运行工况、运行信息、动作信息、录波信息、测距信息的分析处理，装置定值在线查询、核对、存储，为用户提供告警、智能分析、统计、查询、回放等功能；可实现二次设备的定值、控制策略的分析和远方修改功能。

3.3.6 综合智能分析与告警

综合智能分析与告警功能应能综合分析电网一次设备和二次设备的运行、故障和告警信息，包括电网开关动作、设备量测、继电保护和安全自动装置动作、故障录波、故障测距、相量测量装置（PMU）量测、雷电定位等信息，实现电力系统的在线故障诊断和智能告警，并能够利用形象直观的方式展示故障诊断和智能告警结果；应能够实现系统间设备故障告警信息实时推送；应能够综合各类告警信息生成电网关键节点或重要用户的预警信息。

3.4 新能源场站并网运行管理数据要求

3.4.1 基础数据

（1）遥测。该信息的主要内容是电气设备的电流、电压、功率等电气量以及变压器分接头位置、变压器油量、水位、压力等非电气量。

（2）遥信。该信息的主要内容有断路器和隔离开关的位置，继电保护的动作状态，报警信号，自动控制的投、切，事故信号，以及远动设备的状态、自动诊断信号，以0、1（或断开、闭合）两种状态传送至主站端。

（3）遥控。该信息是指主站端远距离控制场站需要调节控制的对象。

（4）遥调。该信息是指主站端向场站端发送调节命令，经过校验后转换成适合于被控对象的数据形式，驱动被调对象。

3.4.2 新能源场站监测分析的功能定位及构成

新能源场站分析功能应能实现与运行有关信息的处理、监测和趋势分析。通过对新能源场站太阳辐照度等信息进行实时监测，同步监视有功功率波动情况，在此基础上对新能源场站运行情况进行趋势分析。

3.4.3 新能源场站运行监测

新能源场站运行监测功能应能以太阳辐照度监测和新能源发电出力等数据为基础，结合发电计划等综合运行管理数据，对新能源场站发电及资源变化情况进行监视，对出力剧烈波动等极端情况提供报警。从基础平台获取机组开停状态、出力等运行数据；从调度计划类应用获取日前、超短期功率滚动预测数据、发电计划数据及理论功率数据；向新能源场站运行趋势分析功能提供运行数据。

3.4.4 新能源场站运行趋势分析

新能源场站运行趋势分析功能应能展示新能源实时出力及超短期预测结果，计算实时资源分布并对新能源理论发电能力进行趋势分析展示，实现对未来运行趋势进行在线滚动分析。从运行监测功能获取运行数据；向分析与评估应用提供运行趋势数据；向电网实时监控与告警功能提供新能源场站实时运行及运行趋势预警信息。

3.4.5 新能源场站运行数据统计分析

新能源场站运行数据统计分析功能应实现运行数据的统计分析、报表生成及信息上报等功能。从调度安全Ⅰ区应用（实时监控与预警类应用）获取气象信息；从基础平台获取运行数据；从新能源场站上报应用获取受阻电量；向调度机构提供运行情况统计分析报表。

3.4.6 调度自动化系统有关运行指标

1. 数据采集与监视控制（SCADA）

（1）数据通信系统月可用率：≥98%。

（2）子站设备月可用率：≥99%。

（3）专线数据传输通道月可用率：≥98%。

（4）数据网络通道月可用率：≥99%。

（5）事故遥信年动作正确率：≥99%。

（6）开关遥信月动作正确率：≥90%。

（7）计算机系统的年可用率：≥99.999%。

（8）年遥控操作成功率：100%。

2. 自动发电控制（AGC）

（1）调度范围内AGC机组可调容量占统调装机容量：≥15%。

（2）AGC功能月/年投运率：≥85%。

3. 基础数据及电网模型

（1）主站对直采开关遥信变位的响应时间：≤1s。

（2）月实时数据累计中断时间：≤2h。

（3）电网模型上报及时率：100%。

（4）上报模型信息正确率：≥99%。

（5）上报模型信息准确率：≥95%。

（6）前置数据更新及时率：100%。

4. 网络分析

（1）状态估计月可用率：≥95%。

（2）遥测估计合格率不小于95%，且有功功率遥测估计合格率不小于95%、无功功率遥测估计合格率不小于90%、电压估计合格率不小于99%（遥测估计值误差有功功率不大于2%，无功功率不大于3%，220kV及以上电压不大于0.5%）。

（3）单次状态估计计算时间：≤15s。

（4）状态估计计算周期：≤5min。

（5）调度员潮流月合格率：≥95%。

（6）单次调度员潮流计算时间：≤15s。

（7）静态安全分析计算周期：≤15min。

（8）灵敏度分析的周期：≤5min。

5. 电网运行动态监视与分析

（1）PMU数据通信月可用率：≥95%。

（2）PMU月可用率：≥95%。

3.5　信息采集安全方案

智能电网调度控制系统是指用于监视和控制电力生产及供应过程、基于计算机及网络技术的业务及智能设备，以及作为基本支撑的通信及数据网络，其总体安全防护水平取决于最薄弱点的安全水平（木桶理论）。为保障电力生产的安全运行，抵御黑客利用操作系统漏洞、业务系统后门的恶意入侵，防止通过计算机病毒或恶意代码进行破坏和攻击，造成智能电网调度控制系统的沦陷或挟持电力监控对电力系统生产进行破坏，因此需要对电力监控系统进行体系化的安全防护。

安全防护技术维度主要包括基础设施安全、体系结构安全、本体安全、安全免疫。基础设施安全方面，从机房、电源、通信、屏蔽、密码、认证等方面保障基础安全。体系结构安全方面主要体现在“安全分区、网络专用、横向隔离、纵向认证”的十六字方针中，构建完善的栅格状的安全防护体系。本体安全方面，应保证智能电网调度控制系统无恶意软件、操作系统无恶意后门、整机主板无恶意芯片、主要芯片无恶意指令。安全免疫方面，主要通过可信计算的技术来实现安全免疫等。

应急备用措施维度主要从冗余备用、应急响应、从外到内及从上到下的多道防线等方面建立健全的联合响应机制。调度机构负责统一指挥调度范围内的智能电网调度控制系统安全应急处理，当遭受网络攻击，生产控制大区的智能电网调度控制系统出现异常或者故障时，应立即向上级调度机构及上级监管单位报告，联合采取应急措施，打造从外到内、从上到下的多道防线。

全面安全管理维度主要包括全体人员安全管理、全部设备安全管理、全生命周期安全管理、融入安全生产管理体系。通过这种安全防护技术与安全管理相结合的方式，打造覆盖度更广、管理体系与技术体系及应急体系协同作战的安全防护体系。

3.5.1 安全防护原则

智能电网调度控制系统的安全防护工作有别于信息系统的安全防护工作，结合电力监控系统的特性和所面临的主要网络安全威胁，形成了适合智能电网调度控制系统的网络安全防护原则。

（1）建立体系不断发展。逐步建立智能电网调度控制系统网络安全防护体系，主要包括基础设施安全、体系结构安全、系统本体安全、可信安全免疫、安全应急措施、全面安全管理等，形成多维栅格状架构，并随着技术进步而不断动态发展完善。

（2）分区分级保护重点。根据智能电网调度控制系统的业务特性和业务模块的重要程度，遵循国家信息安全等级保护的要求，准确划分安全等级，合理划分安全区域，重点保护生产控制系统核心业务的安全。

（3）网络专用多道防线。智能电网调度控制系统应采用专用的局域网络（LAN）和广域网络（WAN），与外部互联网和企业管理信息网络之间进行物理层面的安全隔离；在与本级其他业务系统相连的横向边界，以及与上下级智能电网调度控制系统相连的纵向边界，应部署高强度的网络安全防护设施，并对数据通信的七层协议采用相应的安全措施，形成立体多道安全防线。

（4）全面融入安全生产。应将安全防护技术融入智能电网调度控制系统的采集、传输、控制等各个环节各业务模块，融入智能电网调度控制系统的设计研发和运行维护；应将网络安全管理融入电力安全生产管理体系，对全体人员、全部设备、全生命周期进行全方位的安全管理。

（5）管控风险保障安全。智能电网调度控制系统安全直接影响电网安全，关乎国家安全和社会稳定，应全面加强网络安全风险管控，保障智能电网调度控制系统安全，确保电力系统安全稳定经济运行。

3.5.2 安全防护体系

1. 基础设施安全

智能电网调度控制系统的机房和生产场地应选择在具有防震、防风和防雨等能力的建筑内，应采取有效的防水、防潮、防火、防静电、防弹击、防盗窃、防破坏措施；机房场地应避免设在建筑物的高层或地下室，以及用水设备的下层或隔壁。

智能电网调度控制系统应在机房供电线路上配置稳压器和过电压防护设备，设置冗余或并行的电力线路为计算机系统供电，应建立备用供电系统，提供短期的备用电力供应，至少满足设备在断电情况下的正常运行要求；生产控制大区机房与管理信息大区机房应独立设置，应安排专人值守并配置电子门禁系统及具备存储功能的视频监控系统以加强物理访问控制，应对生产控制大区关键区域或关键设备实施电磁屏蔽。

生产控制大区所有的密码基础设施，包括对称密码、非对称密码、摘要算法、调度数字证书和安全标签等，应符合国家有关规定，并通过国家有关机构的检测认证。

2. 体系结构安全

（1）生产控制大区可以分为控制区（安全Ⅰ区）和非控制区（安全Ⅱ区）；管理信息大区内部在不影响生产控制大区安全的前提下，可以根据不同安全要求划分安全区；生产控制大区的纵向互联必须形同安全区互联，避免跨安全区纵向交叉连接。按照“就高不就低”的原则对安全区进行防护。

（2）智能电网调度控制系统的生产控制大区应在专用通道上使用独立的网络设备组网，采用基于同步数字体系（SDH）不同通道、不同光波长、不同纤芯等方式，在物理层面上实现与其他通信网及外部公用网络的安全隔离。生产控制大区通信网络可进一步划分为逻辑隔离的实时子网和非实时子网，采用MPLS—VPN技术、安全隧道技术、PVC技术、静态路由等构造子网。生产控制大区数据通信的七层协议均应采用相应的安全措施，在物理层应与其他各层实行物理隔离，在链路层应合理划分VLAN，在网络层应设立安全路由和虚拟专网，在传输层应设置加密隧道，在会话层应采用安全认证，在表示层应有数据加密，在应用层应采用数字证书和安全标签进行身份认证。

（3）在生产控制大区与管理信息大区之间必须设置通过国家有关机构安全检测认证的电力专用横向单向安全隔离装置，隔离强度应接近或达到物理隔离，只允许单向数据传输，禁止http、telnet等双向的通用网络安全服务通信；生产控制大区内部的安全区之间应采用具有访问控制功能的设备、防火墙或者相当功能的设施，实现逻辑隔离。生产控制大区到管理信息大区的数据传输采用正向安全隔离装置，仅允许单向数据传输；管理信息大区到生产控制大区的数据传输采用反向安全隔离装置，仅允许单向数据传输，并采取基于非对称密钥技术的签名验证、内容过滤、有效性检查等安全措施。在安全接入区与生产控制大区中其他部分的连接处必须设置通过国家有关机构安全检测认证的电力专用横向单向安全隔离装置。

（4）在生产控制大区与广域网的纵向连接处应设置通过国家有关机构安全检测认证的电力专用纵向加密认证装置或者加密认证网关及相应设施。

（5）依照电力调度管理体制建立基于公钥技术的分布式电力调度数字证书及安全标签，生产控制大区中的重要业务系统应采用加密认证机制。

（6）生产控制大区内不同系统间应采用逻辑隔离措施，实现逻辑隔离、报文过滤、访问控制等功能。生产控制大区可部署入侵检测，合理设置检测规则，及时捕获网络异常行为，分析潜在威胁，进行安全审计，宜保持特征码及时更新，特征码更新前应进行充分的测试，禁止直接通过互联网在线更新。

3. 本体安全

在智能电网调度控制系统网络安全防护体系架构中，构成体系的各个模块应实现自身的安全，依次分为智能电网调度控制系统软件的安全、操作系统和基础软件的安全、计算机和网络设备及电力专用监控设备的安全、核心处理器芯片的安全，均应采用安全、可控、可靠的软硬件产品，并通过国家有关机构的安全检测认证。本体安全的相关要求主要适用于新建或新开发的智能电网调度控制系统，在运系统具备升级改造条件时可参照执行，不具备升级改造条件的应强化安全管理和安全应急措施。

（1）智能电网调度控制系统软件的安全。控制软件在部署前应通过国家有关机构的安全检测认证和代码安全审计，防范恶意软件或恶意代码的植入；应在设计时融入安全防护理念和措施，业务系统软件应采用模块化总体设计，合理划分各业务模块，并部署于相应的安全区，重点保障实时闭环控制核心模块的安全；可通过内部专用设施进行维护，采用身份认证和安全审计实施全程监控，保障维护行为可追溯；严格禁止直接通过互联网进行生产控制大区的远程维护。

（2）操作系统和基础软件的安全。智能电网调度控制系统中的操作系统、数据库、中间件等基础软件应通过国家有关机构的安全检测认证，防范基础软件存在恶意后门；生产控制大区业务系统应采用满足安全、可靠要求的操作系统、数据库、中间件等基础软件，使用时应合理配置、启用安全策略；操作系统和基础软件应仅安装运行需要的组件和应用程序，并及时升级安全补丁，补丁更新前应进行充分的测试，禁止直接通过互联网在线更新。

（3）计算机、网络设备和电力专用监控设备的安全。智能电网调度控制系统中的计算机和网络设备，以及电力自动化设备、继电保护设备、安全稳定控制设备、智能电子设备（IED）、测控设备等，应通过国家有关机构的安全检测认证，防范设备主板存在恶意芯片；生产控制大区应采用符合国家相关要求的计算机和网络设备，使用时应合理配置、启用安全策略；应封闭网络设备和计算机设备的空闲网络端口和其他无用端口，拆除或封闭不必要的移动存储设备接口（包括光驱、USB 接口等），仅保留调度数字证书所需要的 USB 端口。

（4）核心处理器芯片的安全。智能电网调度控制系统中的核心处理器芯片应通过国家有关机构的安全检测认证，防范芯片存在恶意指令或模块。

4. 安全免疫

在构成智能电网调度控制系统网络安全防护体系的各个模块内部，应逐步采用基于可信计算的安全免疫防护技术，形成对病毒、木马等恶意代码的自动免疫。智能电网调度控制系统应在有条件时逐步推广应用以密码硬件为核心的可信计算技术，用于实现计算环境和网络环境安全免疫，免疫未知恶意代码，防范有组织的、高级别的恶意攻击。

（1）基于可信计算的强制版本管理。关键控制软件应采用基于可信计算的强制版本管理措施，操作系统和监控软件的全部可执行代码，在开发或升级后应由生产厂商采用数字证书对其签名并送检，通过检测的控制软件程序应由检测机构用数字证书对其签名，生产控制大区应禁止未包含生产厂商和检测机构签名版本的可执行代码启动运行。

（2）基于可信计算的静态安全启动。应采用基于可信计算的静态安全启动机制；服务器加电至操作系统启动前对BIOS、操作系统引导程序及系统内核执行静态度量，业务应用、动态库、系统内核模块在启动时应对其执行静态度量，确保被度量对象未被篡改且不存在未知代码，未经度量的对象应无法启动或执行。

（3）基于可信计算的动态安全防护。应采用基于可信计算的动态安全防护机制，对系统进程、数据、代码段进行动态度量，不同进程之间不应存在未经许可的相互调用，禁止向内存代码段与数据段直接注入代码的执行。

（4）基于可信计算的网络安全防护。在可信主机通信方面，关键主机设备之间需要具备基于可信计算的网络安全防护功能；对业务网络进行动态度量，业务连接请求与接收端的主机设备应可以向对端证明当前本机身份和状态的可信性，不应在无法证明任意一端身份和状态可信的情况下建立业务连接。

5. 安全应急

智能电网调度控制系统需制定应急处理预案并进行预演或模拟验证以提高安全应急的有效性，当生产控制大区出现安全事件，尤其是遭到黑客、恶意代码攻击和其他人为破坏时，智能电网调度控制系统将按应急处理预案，立即采取安全应急措施，通报上级业务主管部门和安全主管部门，必要时可断开生产控制大区与管理信息大区之间的横向边界连接，在紧急情况下可协调断开生产控制大区与下级或上级控制系统之间的纵向边界连接，以防止事态扩大，在做好安全事件事态控制的同时保护好现场，以便进行调查取证和分析。

智能电网调度控制系统在防止安全事件方面构建面向外部公共互联网、管理信息大区、生产控制大区的横向多道防线，打造“纵深防护体系”，各防线分别采用相应的安全措施，一旦发生安全事件，能实时检测、快速响应、及时处置，实现各防线协同防御功能。

同时，智能电网调度控制系统同样构建了上下级生产控制大区之间、上下级管理信息大区之间的纵向安全防线，各防线分别采用了相应的安全措施，实现高安全等级控制区安全防护强度的积累效应。

6. 安全管理

应将智能电网调度控制系统的网络安全管理融入安全生产管理体系中，按照“谁主管、谁负责；谁运营、谁负责；谁使用、谁负责”的原则，健全智能电网调度控制系统安全防护的组织保证体系和安全责任体系。

（1）全体人员安全管理。应加强对智能电网调度控制系统安全防护的管理、运行、维护、使用等全体人员的安全管理和培训教育，特别要加强对厂家维护及评估检测等第三方人员的安全管理，提高全体内部人员和相关外部人员的安全意识。

（2）全部设备安全管理。应对智能电网调度控制系统中全部业务系统软件模块和硬件设备，特别是安全防护设备，建立设备台账，实行全方位安全管理；安全防护设备和智能电网调度控制系统及设备在选型及配置时，应禁止选用被国家相关部门检测通报存在漏洞和风险的特定系统及设备；相关系统、设备接入智能电网调度控制系统网络时应制定接入技术方案，采取相应安全防护措施，并经智能电网调度控制系统安全管理部门的审核、批准；应定期进行安全风险评估，针对发现的问题及时进行加固。

（3）全生命周期安全管理。智能电网调度控制系统及设备在规划设计、研究开发、施工建设、安装调试、系统改造、运行管理、退役报废等全生命周期阶段应采取相应安全管理措施。应采用安全、可控、可靠的软、硬件产品，供应商应保证所提供的设备及系统符合国家与行业信息系统安全等级保护的要求，并在设备及系统生命期内对此负责；智能电网调度控制系统及专用安全防护产品的开发、使用及供应商，应按国家有关要求做好保密工作，防止安全防护关键技术和设备的扩散；智能电网调度控制系统及设备的运维单位应依据相关标准和规定进行安全防护专项验收，加强日常运维和安全防护管理，定期开展运行分析和自评估，保障系统及设备的可靠运行，系统和设备退役报废时应按相关要求销毁含敏感信息的介质和重要安全设备。

3.6　新能源场站监控信息管理要求

新能源综合智能电网调度控制系统主要用来实现综合自动化等实时数据采集、监视、告警等功能。采用电力行业规约，实时采集线路、保护装置、变压器、逆变器、汇流箱等关键设备遥测、遥信和电量数据，为新能源场站提供监视、状态告警、数据统计、对比分析等功能。

3.6.1 新能源监测分析数据及储存要求

1. 基本功能要求

（1）实时信息的处理，包括形成能正确表征新能源场站当前运行情况的实时数据，确定新能源场站的运行状态，对超越运行允许的实时信息给出告警，提醒运维人员及时处置。

（2）离线分析，可以编制运行计划和检修计划，进行各种统计数据的整理分析。

（3）新能源信息处理系统具有对运行中的电力系统进行安全、经济和电能质量等方面的分析决策功能。

（4）保证经济性，主要由计算机做出决策，调整系统中的可调变量使系统运行在最经济的状态。

（5）提高电能质量，由自动发电控制（AGC）维持系统频率在额定值，联络线功率在预定的范围之内；电压自动控制（AVC）保证系统电压水平在允许的范围之内，同时使系统网损尽可能小。

2. 数据储存要求

（1）业务应用数据和设备配置文档都必须进行备份储存，以便发生问题时进行恢复。

（2）数据备份储存至其他设备上时，必须使用专门的备份通道，保证数据传输的完整性。

（3）数据本机备份储存时应检测其完整性。

（4）数据备份时储存必须使用专业的备份设备和工具，在数据传输和数据存储时，都必须加密传输和存储。

（5）数据进行异地备份储存时，必须利用通信网络将关键数据定时批量传送至备用场地。

（6）新能源数据储存至少一年。

3.6.2 新能源运行监测

新能源运行监测主要包括运行工况和设备状态自动监测，即对各种状态量变位情况的监视和模拟量的数据监测。通过状态量变位的监视，可监视断路器、隔离开关、接地开关、变压器分接头的位置和动作情况，保护装置和安全自动装置的动作情况及动作顺序等。当有非正常状态发生和设备异常时，监控系统能及时发出告警，同时可将事故信息进行打印记录和储存。

1. 实时监测

新能源场站实时监测具备采集运行的实时数据和设备运行状态从而达到实时监测的目的，包含各种状态量、模拟量、脉冲量和保护信号。

（1）模拟量的采集监测。典型的模拟量包括母线电压，线路、馈线和变压器的电流、有功功率和无功功率，电容器的电流、无功功率以及频率、相位、功率因数等。对采集到的模拟量数据进行分析与展示，从而可清晰直观地监测新能源场站的实时模拟量数据。

（2）状态量的采集监测。状态量包含断路器的状态、隔离开关的状态、有载调压变压器的分接头位置、运行告警信号等。这些信号都将以状态量的形式，通过光电隔离电路输入计算机。对于断路器的状态，需要采用中断输入方式或快速扫描方式，要保证对断路器变位的分辨在有效时间之内。对于隔离开关和分接头位置等状态信号，不必采用中断处理方式，但可采用第七查询方式读入计算机进行判断。由于不具备通信能力，保护动作信息一般取自信号继电器的辅助触点，也可以状态量的形式读入计算机；对于具备通信能力的计算机保护，保护动作信号可以通过串行口或局域网通信方式录入计算机从而进行数据分析及监测。

（3）脉冲量的采集监测。采集的典型脉冲量是脉冲电能表输出的电量，包括有功电量和无功电量。这种量的采集在硬件接口上与状态量一样，经过光电隔离后输入计算机。经过监控系统对采集脉冲量数据进行分析与展示，可清晰直观地监测新能源场站的实时有功电量和无功电量。

（4）数字量的采集监测。主要是通过监控系统与保护系统通信直接采集的各种保护信号，如保护装置发送的测量值、故障动作信息、自诊断信息、跳闸报告、波形等。

2. 异常报警

告警服务定义是定义告警动作、告警行为、告警方式以及告警类型的一个界面工具。告警服务进程是常驻内存的一个后台程序，当它接收到各个应用发送的告警行为定义时寻找这个行为包含的告警动作，最后发消息给告警客户端。告警客户端收到消息完成相应的告警动作（上告警窗、语音、推画面）。告警动作是告警服务中最基本的要素，是指一些最具体的告警表现，例如语音告警、推画面告警、打印告警、中文消息告警、需人工确认告警等。异常告警行为是一组告警动作的集合，当一个告警来到时，机器要发生一系列的告警动作（及告警行为）来对监控人员进行提醒。

3. 综合统计分析

综合统计分析主要包含综合发电分析、异常发电分析、电能质量分析。综合发电分析应以区域、电压等级、发电项目等为对象，以日、月、季、年或其他特定时间段等时间维度对系统所采集的电量进行组合分析，包括统计电量查询，电能源同比环比分析、电量峰谷分析、发电趋势分析和发电高峰时段分析等。异常发电分析应能结合气象信息对计量及发电异常进行检测，提供新能源发电情况跟踪、查询和分析，发现设备异常、运行异常和发电异常。电能质量分析是对并网点的电压、谐波、不平衡及闪变等进行越限统计和功率因数合格统计等。

3.6.3 新能源运行趋势分析

新能源运行趋势分析就是运行人员、技术人员综合仪表读数、参数变化趋势、设备状态指示、运行安排、巡回检查所感知的现象、自然条件，采用科学自动化的逻辑判断、逻辑推理、理论计算等方法，找出设备性能劣化原因，主动采取措施防止故障产生的一个过程。主要实现技术途径为建立基础信息模型，与电网基本元素进行关联，在此基础上采用可视化方法对风电场、光伏电站的运行进行监视和趋势分析，并支持新能源调度计划制作等应用。

3.6.4 新能源监控界面要求

新能源监控界面是新能源场站集成化监控的总窗口，用于实现完整的、高性能的站内实时运行稳态信息的监控和设备控制，为其应用提供了全方位、高可靠的数据服务。它必须具备数据接收与处理、数据计算与统计、控制和调节、网络拓扑、画面操作、事件和告警处理、计划处理、电站运行分析、一次设备监视、开关状态检查等功能。

第 4 章　新能源继电保护及自动装置运行管理

随着新能源并网容量的不断扩大，电网的安全稳定运行水平开始面临前所未有的挑战。作为电网的安全卫士，继电保护的可靠运行，对保证电网安全稳定有着极其重要的作用。而保护配置、整定计算、运行管理是决定继电保护能否正确动作的关键环节。提升新能源并网后继电保护动作性能已成为促进新能源发电系统进一步发展的关键性问题。本章主要根据继电保护有关规程和新能源场站实际情况，对新能源场站设备继电保护的配置及整定原则一一阐述，并对新能源场站继电保护的整定管理和相关反事故措施规定进行了规范要求和明确说明。

4.1　继电保护配置原则

4.1.1 一般规定

继电保护作为发电企业安全并网、设备稳定运行的可靠保障，应满足可靠性、选择性、灵敏性、速动性（简称“四性”）的基本要求。这“四性”既相辅相成，又互相制约，在实际运行过程中，应从系统的各个方面进行考虑，如整定计算，保护装置设计、制造及调试维护，二次回路设计，保护装置运行维护及管理等。发电企业应选用技术成熟、性能可靠、质量优良、有成功运行经验的继电保护装置，选用的保护用互感器性能应符合国家及行业相关标准，避免出现保护死区。继电保护配置和选型应满足工程投产初期和终期的运行要求，设备规范及二次回路应满足电力系统有关规定和反事故措施的要求。

继电保护设备根据其电压等级和生产厂家不同，结合站内一次设备选择，相应的配置及功能有所不同。220kV 及以上电压等级电力设备应配置双重化保护，包括保护装置的双重化以及与实现保护功能有关的回路的双重化。双重化配置的保护装置及其回路之间应完全独立，不应有直接的电气联系，当一套保护异常退出时不应影响另一套保护的运行。保护装置软压板与保护定值应相对独立，软压板的投退不影响定值。为方便分析系统故障，保护定值及动作报告应能方便调阅，定值修改应方便并有保证安全的技术措施。

新能源场站汇集系统单相接地故障应能快速切除，采用保护、测控一体化装置时，保护、测控功能应相互独立，三相操作插件应含在装置内。汇集系统设备保护的配置和整定应与一次系统相适应，防止其故障造成主升压变压器跳闸。对于中性点经低电阻接地的场站，应配置动作于跳闸的接地保护；对于中性点不接地或经消弧线圈接地的场站，应配置小电流接地故障选线装置实现跳闸。变压器保护应提供便于修改的跳闸矩阵，以实现不同的运行要求。新能源场站的继电保护装置及故障录波器应支持IRIG-B码对时，时钟误差不超过1ms，外部对时信号消失采用自身时钟时的误差每24h不超过5s。逆变器或风机保护系统及单元变压器保护采用网络对时，误差不超过1s。

4.1.2 汇集线路保护

汇集线路保护应能反应被保护线路的各种故障及异常状态，并满足就地开关柜分散安装和组屏安装的要求。每回汇集线路应在汇集母线侧配置一套线路保护，在逆变器或风机侧可不配置线路保护。对于相间短路，应配置阶段式过电流保护，还宜选配阶段式相间距离保护。中性点经低电阻接地系统，需配置反应单相接地短路的两段式零序电流保护，动作于跳闸。

4.1.3 汇集母线保护

新能源场站的汇集母线应装设专用的母线保护，具有其他保护动作联跳功能，用以切除与本母线相连的所有断路器。各支路在接入汇集母线保护回路时，宜采用专用TA绕组，并要求TA相关特性保持一致。新能源场站选择的母线保护装置应允许使用不同变比的TA，通过软件自动校正，考虑场站实际运行情况时，要求母线保护能适应于各支路TA变比最大相差10倍的情况。母线保护应能自动识别分段断路器的充电状态，合闸于死区故障时，应瞬时跳分段断路器。

汇集母线保护的配置按照功能要求，应具有差动保护、分段充电过电流保护、分段死区保护、TA断线判别、抗TA饱和、TV断线判别等功能。对于TA断线告警功能，除母联（分段）外，其余支路TA断线后均闭锁差动保护。为提高故障判别的可靠性及灵敏性，母线保护还应具有复合电压闭锁功能，以保证非故障运行状态下，母差保护不会误动。

4.1.4 主升压变压器保护

变压器内部发生电气故障，会造成不同程度的损坏。空投变压器或变压器区外短路切除时会产生很大的励磁涌流，其中含有大量高次谐波分量，基于这些特点，对于因电气量变化而设置的主保护，必须配置纵联差动保护，并能适应在区内故障且故障电流中含有较大谐波分量的情况。除此之外，还可配置不需整定能反应轻微故障的故障分量差动保护，以提高动作的灵敏性，防止内部故障扩大造成的设备严重损坏。必须注意的是，为保证电气量主保护在保护范围内发生故障时，能快速准确地切除故障，要求新能源场站在采购和安装电流互感器时，主保护一律采用相同类型的电流互感器，且安装在变压器保护各侧的TA变比，其平衡系数不宜大于10。

220kV及以上电压等级变压器按双重化原则配置主、后备一体的电气量保护，同时配置一套非电量保护。330kV及以上电压等级变压器高压侧需配置过励磁保护，保护应能实现定时限告警和反时限特性功能，反时限曲线应与变压器过励磁特性匹配。220kV及以上电压等级变压器高压侧配置带偏移特性的阻抗（含相间、接地）保护，其中阻抗保护要具备振荡闭锁功能，还需配置两段式零序电流保护，可根据需要配置一段式复压闭锁过电流保护。110kV电压等级变压器配置主、后备一体的双套电气量保护或主、后备独立的单套电气量保护，同时配置一套非电量保护。110kV变压器高压侧配置一段式复压闭锁过电流保护，配置两段式零序电流保护。对于配置的间隙电流保护和零序电压保护，间隙电流应取自中性点间隙专用TA，间隙电压应取变压器本侧TV开口三角电压或自产电压。35kV电压等级变压器配置单套电气量保护，同时配置一套非电量保护。容量在10MVA及以上或有其他特殊要求的35kV变压器配置电流差动保护作为主保护，其余情况在高压侧配置两段式过电流保护。所有配置的保护应能反应被保护设备的各种故障及异常状态。

变压器低压侧一般配置两段式过电流保护，配置一段式复压闭锁过电流保护。对于带有平衡绕组的变压器低压侧，还需配置两段式零序电流保护，该电流应取自中性点零序TA，不带方向，作为变压器单相接地故障的主保护和系统各元件接地故障的总后备保护，并且保证过电流及零序电流保护动作时，跳变压器各侧断路器，同时切除所接汇集母线的所有断路器。变压器低压侧若有外附TA，宜安装在低压侧母线和断路器之间。

变压器保护还包括一些非电气量类型，在变压器本体内，宜包含过负荷启动辅助冷却器功能和冷却器全停延时回路，配置的非电量保护需有独立的电源回路和出口跳闸回路，在电气量的保护装置内，可不配置该功能，确保电气与非电气回路完全分开。跳闸类的非电量保护，要求启动功率应大于5W，动作电压在55%~70%额定电压范围内，额定电压下动作时间为10~35ms，应具有抗220V工频干扰电压的能力。在发生非电量保护动作后，应有动作报告，便于故障分析。

4.1.5 无功补偿设备保护

1. 电抗器保护

电抗器保护配置电流速断保护作为电抗器绕组及引线相间短路的主保护，配置过电流保护作为相间短路的后备保护。当接入低电阻接地系统时，还应配置两段式零序电流保护作为接地故障的主保护和后备保护。在静止无功补偿装置（SVC）内部，晶闸管控制电抗器支路应配置谐波过电流（包含基波和11次及以下谐波分量）保护作为设备过负荷能力保护。

2. 电容器保护

电容器保护配置电流速断和过电流保护，作为电容器组和开关之间连接线相间短路保护。装置接入母线电压互感器二次侧的线电压，配置过电压和低电压保护，实现电容器组内部故障或系统电压运行水平变化时，能按照一定延时实现跳闸功能。一般电容器保护还配置中性点不平衡电流、开口三角电压、桥式差电流或相电压差动等不平衡保护，作为电容器内部故障保护。对于低电阻接地系统，还应配置两段式零序电流保护作为接地故障的主保护和后备保护，动作于跳闸。SVC中滤波器支路应配置谐波电流保护（包含基波和11次及以下谐波分量）作为设备过负荷能力保护。

3. 静止无功发生器（SVG）变压器保护

对于容量在10MVA及以上或有其他特殊要求的SVG变压器应配置电流差动保护作为主保护，容量在10MVA以下的SVG变压器配置电流速断保护作为主保护，并按照实际情况，配置非电量保护。SVG变压器一般配置过电流保护作为其后备保护。对于低电阻接地系统，高压侧还应配置两段式零序电流保护作为接地故障的主保护和后备保护。

4.1.6 汇集母线分段断路器保护

新能源场站汇集系统侧，按照母线接线方式，若接入母线分段断路器，需配置由压板投退的三相充电过电流保护，投入瞬时和延时段，用于满足不同运行需求情况下的充电跳闸功能。

4.1.7 站用变压器保护

站用变压器为变电站提供低压动力及照明，在新能源场站内，容量在10MVA及以上或有其他特殊要求的变压器配置电流差动保护作为主保护，容量在10MVA以下的变压器配置电流速断保护作为主保护，同时配置过电流保护作为后备保护。站用变压器可按照实际运行情况，配置非电量保护。对于低电阻接地系统，高压侧还应配置两段式零序电流保护作为接地故障的主保护和后备保护。

4.1.8 接地变压器保护

新能源场站接地变压器可接于变压器低压侧相应的母线上，也可接于供电变压器相应的引线上。一般在电源侧配置电流速断保护、过电流保护作为内部相间故障的主保护和后备保护，配置两段式零序电流保护作为接地变压器单相接地故障的主保护和系统各元件单相接地故障的总后备保护。在汇集母线分段断路器断开的情况下，接地变压器电流速断保护、过电流保护及零序电流保护动作跳所接母线的所有断路器。在汇集母线分段断路器并列的情况下，接地变压器电流速断保护、过电流保护及零序电流保护动作除跳所接母线的所有断路器外，还应跳另一母线的所有断路器。接地变压器可按照实际情况，配置非电量保护。在电流速断及过电流保护中，要采取软件滤除零序分量的措施，防止接地故障时保护误动作。当接地变压器以中性点小电阻方式接入系统中时，零序电流保护的零序电流回路应取自接地变压器中性点零序TA。

4.1.9 风电机组涉网保护

风电机组在并网过程中，必须满足国家标准相关要求的低电压穿越能力，并具备必要的高电压耐受能力。为满足并网运行要求，配置了低电压、过电压和三相电压不平衡保护，并配以检测系统频率变化的低频、高频保护，所有的保护功能均以一定的延时动作于跳闸。对于涉网风电机组，也可配置在系统发生故障或异常运行时保护风电机组设备安全的其他保护功能。

风电机组应具备运行信息记录功能，记录机端电压、交流侧三相电流、功率、变频器直流母线电压、机组保护动作信息，同时记录转速、风速、变桨角等非电量及开关量。应能记录故障前100ms至故障后5s的电气量数据，采样频率不小于4000Hz。记录信息在机组掉电后不能消失。

4.1.10 单元变压器保护

单元变压器应采用可靠的保护方案，确保变压器故障的快速切除。按照变压器保护配置要求，可配置非电量保护。当高压侧未配有断路器时，可配置熔断器加负荷开关作为变压器的短路保护，但必须校核其性能参数，确保满足运行要求；当高压侧配有断路器时，需配置变压器保护，具备完善的电流速断和过电流保护功能。单元变压器低压侧设置自动空气开关时，可通过电流脱扣器实现出口至变压器低压侧的短路保护。当配置独立的保护装置时，光伏电站单元变压器保护装置电源宜取自逆变器室工作电源，风电机组单元变压器保护装置电源宜采用AC/DC变换，直接从风电机组单元变压器取用，同时具备可靠的备用电源。

4.1.11 小电流接地故障选线装置

在新能源场站中，汇集系统中性点经消弧线圈接地的升压站应按汇集母线配置小电流接地故障选线装置，在汇集系统发生单相接地故障时，能准确选出故障线路，在系统谐波含量较大或发生铁磁谐振接地时不误报、不误动。小电流接地故障选线装置需具备跳闸出口功能，若无法成功快速切除故障线路，则通过跳相应主升压变压器各侧断路器方式隔离故障。所有的汇集线路应配置专用的零序TA，供小电流接地故障选线装置使用。选线装置还需具备在线自动检测功能，在正常运行期间，装置中单一电子元件（出口继电器除外）损坏时不应造成装置误动作，且应发出装置异常信号。

4.1.12 故障录波器

故障录波器主要用来记录电网中各种扰动（主要是电力系统故障）发生的过程，需具备高速故障记录、故障动态过程记录、长过程动态记录的基本功能，为分析故障和检测电网运行情况提供依据。在新能源升压站应配置线路故障录波器和变压器故障录波器，动态无功补偿设备宜配置专用故障录波器。升压站汇集系统运行信息，如汇集母线电压、汇集线路电流、无功补偿设备交流量、保护动作信息等应接入站内故障录波器。场站接入的故障录波器应具备远传功能，并满足二次系统安全防护要求，技术性能应满足相关技术规定，并能记录故障前10s至故障后60s的电气量数据，暂态数据记录采样频率不小于4000Hz。

4.2 继电保护整定原则

4.2.1 一般规定

新能源场站设备继电保护整定计算参数包括线路、变压器、无功补偿设备、光伏电站或风电机组等一次设备参数，以及相关等值阻抗。具体参数应包括：

（1）线路（含架空线及电缆）参数：线路长度、正序阻抗、零序阻抗、序互感阻抗、电缆容抗值。

（2）变压器参数。

1）主升压变压器：绕组类别、绕组接线方式、额定容量、额定电压、额定电流、各侧短路阻抗及零序阻抗、中性点电阻值、过励磁曲线、热稳定电流。

2）光伏电站或风电机组单元变压器、站用变压器、SVG变压器：额定容量、额定电压、额定电流，各侧短路阻抗及零序阻抗。

3）接地变压器：额定容量、额定电压、额定电流，各侧短路阻抗及零序阻抗，中性点电阻值。

（3）光伏电站或风电机组参数：额定容量、额定电压、额定电流，短路电流特性。

（4）无功补偿设备参数：电抗器额定容量、额定电压、额定电流及电抗值，电容器额定容量、额定电压、额定电流及容抗值。

（5）等值电源参数：最大、最小方式下的正序、零序阻抗。

（6）其他对继电保护影响较大的有关参数。

新能源场站需提供计算模型、参数及控制特性等资料，以便进行接入电网的相关计算分析。在继电保护整定计算中，应采用符合实际情况的计算模型及参数，以常见运行方式为依据，并充分考虑其运行特点。继电保护的运行整定，应以保证系统的安全稳定运行为根本目标。继电保护的整定应满足速动性、选择性和灵敏性要求，如果由于运行方式、装置性能等原因，不能兼顾速动性、选择性或灵敏性要求，应在整定时合理地进行取舍，优先考虑灵敏性，并执行局部服从整体、下级服从上级、局部问题自行处理的原则。

新能源场站有关涉网保护的配置整定应与电网相协调，并报相应调度机构备案。新能源场站内下一级电压母线的配出线路或变压器故障切除时间，应满足上一级电压系统继电保护部门按系统稳定要求和继电保护整定配合需要提出的整定限额要求。110kV及以下电压系统继电保护一般采用远后备原则。继电保护之间的整定，一般应遵循逐级配合的原则，满足选择性的要求。对不同原理的保护之间的整定配合，原则上应满足动作时间上的逐级配合。对于微机型继电保护装置，保护配合宜采用0.3s的时间级差。在电流互感器变比选择时，应综合考虑系统短路电流、线路及元件的负荷电流、测量误差及其他相关参数等因素的影响，满足保护装置整定配合和可靠性的要求。同一套保护装置中闭锁、启动和方向判别等辅助元件的灵敏系数应不低于所控的保护测量元件的灵敏系数。为防止电压降低造成新能源大规模脱网，应快速切除单相短路、两相短路及三相短路故障，视情况允许适当牺牲部分选择性。

4.2.2 汇集线路保护

新能源场站汇集线路保护一般首先考虑反应相间短路故障的电流保护，其原理简单、可靠性较高。过电流Ⅰ段主要作汇集线路的主保护，快速切除故障，应对本线路末端相间故障有足够灵敏度，灵敏系数不小于1.5，时间可取为0s；过电流Ⅱ段作汇集线路及单元变压器的后备保护，延时切除故障，应躲过本线路最大负荷电流，尽量对本线路最远端单元变压器低压侧故障有足够的灵敏度，时间可取为0.3s；过电流保护可不经方向控制、不经电压闭锁。

由于电流保护的保护范围受系统运行方式变化的影响较大，因此对电流保护无法满足保护要求的汇集线路宜配置相间距离保护，距离保护是反应短路点至保护安装处距离长度的一种保护，其优点是受系统运行方式变化的影响小，保护范围稳定可靠。相间距离Ⅰ段主要作汇集线路的主保护，快速切除故障，应对本线路末端相间故障有足够的灵敏度，灵敏系数不小于1.5，时间可取为0s。相间距离Ⅱ段作为汇集线路及单元变压器的后备保护，延时切除故障，应躲过线路最大负荷电流时的负荷阻抗，并尽量对相邻元件有远后备作用，时间可取为0.3s。距离保护中负荷限制电阻定值应按躲过最小负荷阻抗整定。相间阻抗偏移角应结合线路长度及装置性能整定。汇集线路距离保护不经振荡闭锁。

对于中性点经低电阻接地的新能源场站，还应配置动作于跳闸的接地保护以实现汇集系统单相接地故障的快速切除。零序电流Ⅰ段主要作为汇集线路的主保护，快速切除故障，对本线路末端单相接地故障有足够的灵敏度，灵敏系数不小于2，动作时间应满足场站运行电压适应性的要求。零序电流Ⅱ段应可靠躲过线路电容电流，时间可比零序电流Ⅰ段多一个级差。汇集线路不采用自动重合闸。

4.2.3 汇集母线保护

母差保护是汇集母线相间故障的主保护，也是低电阻接地系统汇集母线接地故障的主保护，其差动电流元件应保证最小方式下母线故障有足够灵敏度，灵敏系数不小于1.5；母差保护复压闭锁元件按照新能源汇集系统接地方式不同整定原则也有所不同。中性点经低电阻接地系统，低电压闭锁元件宜整定为60%~70%的额定电压；负序电压（U_2）宜整定为4~12V（二次值），零序电压（$3U_0$）（单相接地时$3U_0$为100V）可整定为4~12V（二次值）；对于中性点经消弧线圈接地系统，零序电压（$3U_0$）退出（按装置允许的最大值整定）。

4.2.4 汇集母线分段断路器保护

母线分段断路器保护一般设置充电过电流保护，适用于母联断路器对新设备投运或空载设备恢复送电过程中短时投入。充电过电流保护按最小运行方式下被充电元件故障有足够灵敏度整定，灵敏系数不小于1.5，瞬时段动作时间0s。

4.2.5 主升压变压器保护

（1）变压器主保护按变压器内部故障能快速切除，区外故障可靠不动作的原则整定；变压器后备保护整定应考虑变压器热稳定的要求。变压器后备保护以较短时限动作于缩小故障影响范围，以较长时限动作于断开变压器各侧断路器。变压器过励磁保护应按照变压器制造厂家提供的过励磁曲线整定。非电量保护参照有关规程规定及设备制造厂家提供的参数设定。

（2）指向变压器的阻抗不伸出变压器对侧母线，可靠系数宜取0.7；指向母线的阻抗按与本侧出线距离保护配合整定。

（3）110kV及以上电压等级变压器高压侧复压过电流保护电流元件按照对低压侧母线故障有灵敏度并躲过负荷电流整定，灵敏系数不小于1.5，在保护范围和动作时间上宜与低压侧过电流Ⅰ段保护配合。低电压元件灵敏系数不小于1.3，负序电压元件灵敏系数不小于1.5。35kV变压器高压侧过电流Ⅰ段电流定值按变压器低压侧故障有灵敏度并躲过负荷电流整定，灵敏系数不小于1.5，时间可取0s。过电流Ⅱ段按躲过负荷电流整定，时间一般取0.3s。变压器低压侧过电流Ⅰ段按变压器低压侧汇集母线相间故障有灵敏度并躲过负荷电流整定，灵敏系数不小于1.5，在保护范围和动作时间上宜与本侧出线保护Ⅰ段配合；过电流Ⅱ段按变压器低压侧汇集线路末端相间故障有灵敏度并躲过负荷电流整定，灵敏系数不小于1.5，在保护范围和动作时间上宜与本侧出线保护Ⅱ段配合。过电流保护灵敏度不能满足要求时，宜采用复压闭锁过电流保护。带平衡绕组变压器低压侧过电流保护按7整定；零序Ⅰ段按汇集线路末端接地故障有足够灵敏度整定，灵敏系数不小于2，动作时间应大于母线各连接元件零序电流Ⅱ段的最长动作时间。零序Ⅱ段按单相高阻接地故障有灵敏度整定，动作时间应大于零序电流Ⅰ段的动作时间。

（4）变压器高压侧零序Ⅰ段保护按本侧母线故障有灵敏度整定，灵敏系数不小于1.5，并与本侧出线零序电流保护配合。带平衡绕组变压器高压侧零序Ⅰ段保护应带方向，宜指向本侧母线；普通双绕组变压器的高压侧零序Ⅰ段保护可不带方向；变压器高压侧零序电流Ⅱ段保护，按与本侧出线零序保护最末一段配合整定。

（5）间隙保护零序电压取TV开口三角电压时，其$3U_0$定值（$3U_0$额定值为300V）一般整定为180V和0.5s；当取自产电压时，其$3U_0$定值（$3U_0$额定值为173V）一般整定为120V和0.5s。间隙电流定值可按间隙击穿时有足够灵敏度整定，一次电流定值一般整定为100A，时间按与线路保全线有灵敏度段接地保护动作时间配合。

（6）变压器高压侧过电流保护躲不过负荷电流时，可经方向控制，方向宜指向变压器；变压器低压侧过电流保护躲不过负荷电流时，也可经方向控制，方向宜指向汇集母线。

4.2.6 无功补偿设备保护

1. 电抗器保护

电抗器电流速断保护电流定值应躲过电抗器投入时的励磁涌流，一般整定为3~5倍额定电流，在常见运行方式下，电抗器端部引线故障时有足够灵敏度，灵敏系数不小于1.3，时间一般取0s；过电流保护电流定值应可靠躲过电抗器额定电流，一般整定为1.5~2.0倍额定电流，时间可取0.3s。中性点经低电阻接地系统，零序电流Ⅰ段按对电抗器端部引线单相接地故障有灵敏度整定，灵敏系数不小于2，动作时间应满足场站运行电压适应性要求。零序电流Ⅱ段按躲过正常运行时出现的零序电流整定，时间可比零序电流Ⅰ段多一个级差。电抗器谐波过电流保护计算方法及保护定值由动态无功设备厂家提供。

2. 电容器保护

电容器电流速断保护电流定值按电容器端部引线故障有足够灵敏度整定，灵敏系数不小于2，一般取3~5倍额定电流，时间一般取0.1s；过电流保护按躲电容器额定电流整定，一般取1.5~2倍额定电流，时间可取0.3s。电容器过电压定值按1.3倍电容器额定电压整定，动作时间30s；低电压定值按电容器所接母线失压后可靠动作整定，一般取20%~50%的额定电压，时间与所接母线出线保护最末段配合，并考虑低电压穿越影响。为防止TV断线保护误动，可经电流闭锁，定值按50%~80%的额定电流整定。中性点经低电阻接地系统，零序电流Ⅰ段按对电容器端部引线单相接地故障有灵敏度整定，灵敏系数不小于2，动作时间应满足场站运行电压适应性要求。零序电流Ⅱ段按躲过正常运行时出现的零序电流整定，时间可比零序电流Ⅰ段多一个级差。电容器不平衡保护计算方法及保护定值由电容器制造厂家提供；SVC中滤波器支路谐波过电流保护计算方法及保护定值由SVC设备制造厂家提供。

3. SVG变压器保护

SVG变压器差动保护最小动作电流按躲过正常运行时不平衡电流整定，一般为30%~50%的额定电流。电流速断保护电流定值按高压侧引线故障有灵敏度并躲过低压侧母线故障和励磁涌流整定，时间可取0s；过电流保护电流定值按低压侧故障有灵敏度并可靠躲过负荷电流整定，灵敏系数不小于1.5，时间可取0.3s。中性点经低电阻接地系统，零序电流Ⅰ段按对变压器高压侧单相接地故障有灵敏度整定，灵敏系数不小于2，动作时间应满足场站运行电压适应性要求；零序电流Ⅱ段，按躲过正常运行时出现的零序电流整定，时间可比零序电流Ⅰ段多一个级差。

4.2.7 站用变压器保护

差动保护最小动作电流按躲过正常运行时不平衡电流整定，一般为30%~50%的额定电流。电流速断保护电流定值按高压侧引线故障有灵敏度并躲过低压侧母线故障和励磁涌流整定，时间一般取0s；过电流保护电流定值按低压侧故障有灵敏度并可靠躲过负荷电流整定，时间一般取0.3s。中性点经低电阻接地系统，零序电流Ⅰ段按对站用变压器高压侧单相接地故障有灵敏度整定，灵敏系数不小于2，动作时间应满足场站运行电压适应性要求；零序电流Ⅱ段按躲过正常运行时出现的零序电流整定，时间可比零序电流Ⅰ段多一个级差。

4.2.8 接地变压器保护

电流速断保护按保证接地变压器电源侧在最小方式下相间短路时有足够灵敏度，并躲过励磁涌流整定，一般取7~10倍额定电流，时间一般取0s；过电流保护按躲过接地变压器额定电流整定，动作时间应大于母线各连接元件后备保护动作时间。零序电流Ⅰ段按单相接地故障有灵敏度整定，灵敏系数不小于2，动作时间应大于母线各连接元件零序电流Ⅱ段的最长动作时间；零序电流Ⅱ段按可靠躲过线路的电容电流整定，动作时间应大于接地变压器零序电流Ⅰ段的动作时间。

4.2.9 小电流接地故障选线装置

经消弧线圈接地的场站，应配置小电流接地故障选线装置实现跳闸。零序电压元件对汇集系统单相接地故障有足够的灵敏度，灵敏系数不小于1.5。经较短延时（一般不超过0.5s）切除故障汇集线路；经较长延时（一般不超过1s）跳主升压变压器低压侧断路器；经更长延时（一般不超过1.5s）跳主升压变压器各侧断路器。

4.2.10 光伏电站逆变器保护

光伏逆变器作为光伏风电系统内部重要的电气设备，其设备自身所配备的各类保护功能较为完善。逆变器性能指标应能满足相关要求；光伏逆变器过电压、低电压、过频率、低频率保护定值应符合国家标准中电压适应性规定。逆变器应该具有短路保护的能力，逆变器开机或运行中检测到输出侧发生短路时，逆变器应能自动保护，跳闸时间应小于0.1s。当直流侧输入电压高于逆变器允许的直流方阵接入电压最大值时，逆变器不得启动或在0.1s内停机（正在运行的逆变器），同时发出警示信号。直流侧电压恢复到逆变器允许工作范围后，逆变器应能正常启动。若逆变器输入端不具备限功率的功能，则当逆变器输入侧输入功率超过额定功率的1.1倍时需跳闸。若逆变器输入端具有限功率的功能，当光伏方阵输出的功率超过逆变器允许的最大直流输入功率时，逆变器应自动限流工作在允许的最大交流输出功率处，在持续工作7h或温度超过允许值情况下，逆变器可停止向电网供电。恢复正常后，逆变器应能正常工作。

4.2.11 风电机组涉网保护

风电机组应具备符合国家标准要求的低电压穿越能力，低电压保护定值应符合低电压穿越曲线要求。当风电场并网点电压不低于90%标称电压且不高于110%标称电压时，风电机组应能正常运行。更高电压时风电场的运行状态由风电机组的性能确定。风电机组应具有必要的高电压耐受能力。当频率不低于49.5Hz且不高于50.2Hz时，风电机组应能正常运行。当频率高于50.2Hz时，高频保护动作时间应不小于5min，并执行调度机构下发的降低出力或高频切机策略。当频率低于49.5Hz但不低于48Hz时，低频保护动作时间应不小于30min；当频率低于48Hz时，低频保护动作时间由风电机组特性确定。风电机组主控系统参数和变流器参数设置应与电压、频率等保护协调一致。三相电压不平衡保护定值应符合国家标准的要求。

4.2.12 单元变压器保护

变压器高压侧熔断器的时间—电流特性宜与汇集线路保护相配合，以避免汇集线路保护在单元变压器故障时失去选择性；电流速断保护电流定值按变压器低压侧故障有灵敏度整定，灵敏系数不小于1.5，时间一般取0s；过电流保护电流定值按可靠躲过变压器负荷电流整定，时间一般取0.3s。

4.2.13 防孤岛保护

防孤岛保护应与电网侧送出线路保护相配合；保护装置动作时间、过电压、低电压、过频率及低频率保护定值应符合国家标准规定。

4.2.14 故障录波器

变化量启动元件按最小运行方式下线路末端金属性故障最小短路检验灵敏度，电流定值（一次值）可取$\Delta I_{\varphi} \geqslant 10\%$额定电流，$\Delta I_2 \geqslant 10\%$额定电流（$3I_0 \geqslant 10\%$额定电流）；电压定值（二次值）可取$\Delta U_{\varphi} \geqslant 6V$，$\Delta 3U_0 \geqslant 6V$。稳态量相电流启动元件按躲最大负荷电流整定，一般取$I_{\varphi} \geqslant 1.1$倍额定电流。过电

压启动元件一般取 $U_{\varphi} \geqslant 1.1$ 倍额定电压，低电压启动元件一般取 $U_{\varphi} \leqslant 90\%$ 额定电压。负序（零序）分量启动元件按躲最大运行工况下不平衡电流整定，一次值可取 $3I_2 \geqslant 20\%$ 额定电流（$3I_0 \geqslant 20\%$ 额定电流）。频率越限及频率变化率可取 $f > 50.2\text{Hz}$ 或 $f < 49.5\text{Hz}$，$\text{d}f/\text{d}t \geqslant 0.2\text{Hz/s}$。

4.3　继电保护装置运行

4.3.1 继电保护装置的运行规定

（1）一次设备投入运行前，运行和备用中的设备，其继电保护和自动装置均应投入，任何人不得随意退出保护装置，严禁设备无保护运行，保护装置故障情况下，可申请将故障部分退出运行。

（2）继电保护装置的投入，需遵循投入是先投工作电源，后投出口压板，先投入交流回路后投入直流回路，并用万用表测量保护出口压板两端确无电压后方可投入保护出口压板，退出顺序相反。

（3）因系统运行方式改变，需要停用和投入继电保护装置或保护压板的投、退时，应根据调度指令由两人进行操作，操作完毕后应做好记录。值班人员在进行保护投、退时，只允许操作保护装置的压板，不得拆动接线。

（4）继电保护装置在投入运行前，应按调度下达的保护定值单整定并与调度人员核对无误方可投入运行。

（5）继电保护装置定值的更改，应根据有关部门的通知单进行更改，属调度下达的定值，按调度指令进行定值修改时，须将保护装置退出运行，定值修改完成，运行人员应与变更保护定值的保护人员一起核对无误方可投入保护，还应由运行人员与值班调度员核对无误后方可投入运行，同时将保护定值的变更情况记入继电保护定值变更记录。

（6）继电保护装置动作后，现场运行人员应准确记录保护装置的报文、灯光信号及其他动作情况并将保护动作信息及故障测距汇报调度，若判断为误动，应经相关部门批准后退出该保护，并立即检查处理，处理结束待有关部门批准后，在调度指令下方可重新投入。

（7）继电保护装置出现异常时，判断异常是否影响保护的正确动作，进行缺陷定级，立即汇报调度机构。

（8）继电保护装置检修后必须有验收合格的书面证明，无明确结论不得投入运行，投入运行前应检查定值、信号均正常。

（9）继电保护装置整屏退出时应退出保护屏上的所有压板，并将功能把手置于对应位置；仅某保护退出运行，除退出该保护功能压板外还应退出对应的出口压板。

（10）运行中的保护装置因工作需要断开直流电源时，应先退出其出口压板后再断开直流电源。

（11）带有电压回路的继电保护装置，无论装置内部有无失压闭锁功能，在操作或运行中都不得失去电压。

（12）继电保护和自动装置异常，有误动作可能时应立即将该保护及自动装置退出。

4.3.2 故障录波装置运行规定

故障录波装置应具有并开通远传功能，并保持畅通。正常必须投入运行，退出时应经调度批准。当系统发生故障时，与故障元件连接最近的录波装置（例如线路故障时指线路两侧的录波器；母线故障时指母线上的所有线路和线路对侧的录波器）启动录波。故障录波图由维护单位负责分析，其分析内容包括故障时间、故障元件、相别、故障电流和电压有效值、保护动作行为。

4.3.3 故障录波装置日常巡视检查

（1）检查装置各个指示灯指示正常。

（2）检查微机箱各个模拟插件和开关量插件插入牢固，无松动或掉出。

（3）检查变送器箱各插件插入牢固，无松动或掉出，无异常声音。

（4）按键盘任意键，查看面板显示内容。

（5）检查操作按钮完好无损坏、洁净无灰尘。

（6）检查屏下端交流电源开关和直流电源开关在合的位置。

（7）检查屏箱门完好，透明玻璃洁净、无损坏。

4.3.4 故障录波装置的异常处理

（1）整机掉电。当整机掉电时，应检查装置供电电源及交直流自动空气开关是否跳闸，若只有某记录电压丢失，导致装置电源告警，则可能是输出该组电压的开关电源损坏，或该组电压被短路引起电源保护动作，应立即关掉电源，排除故障后，方可恢复运行。

（2）故障不能录波故。该故障一般由两个原因造成：参数、定值设置不当和通道电气连接不当。当参数、定值设置不当时，应重新校对参数，重新设置相应通道的各项定值。在调整了定值后仍然不启动录波，可进行手动录波，然后进行波形分析。若相应通道无正常波形，则该通道不正常，原因有接线松动或接错线、内部接触不良、对应变送器损坏、数据采集单元采样不正常等原因。

（3）通信故障。此时分析管理单元和数据采集单元不能正常通信，“通信故障”灯亮，可能原因是分析管理单元对数据采集板的以太网地址设置不对。若以太网地址没有问题，则按“复归”键将数据采集板复归，几次之后还不能解决问题则可能是数据采集板故障，应请专业维护人员处理或厂家解决。

（4）采样板故障。此时面板“采样板故障”灯亮，在分析管理单元的时间状态栏将显示故障原因，可能的故障原因有CPU故障、CPU_RAM故障、故障数据NVRAM故障、通信故障等。若没有显示，可能是采样板损坏，应通知厂家，更换采样板插件。

（5）装置断电或故障。此时分析管理单元的时间状态栏显示“装置断电或故障”信息。应检查装置供电电源是否正常送电，若供电电源正常，则可能是数据采集板故障，应请专业维护人员处理或厂家解决。

（6）频繁启动。频繁启动故障一般是定值设置不当造成的。可根据故障报告判断是由哪一通道引起的，然后将定值适当调整，重新设置即可。

4.4　整定管理

4.4.1 管理职责划分

各级调度机构应按照调度管辖范围，依据继电保护全过程管理规定履行管理职责。除特别规定外，继电保护整定范围一般与调度管辖范围相一致。不一致时，负责整定的单位应将整定方案、与定值有关的运行注意事项及图纸、资料等上报相应调度机构备案。交界面处保护整定计算管理，依据调度管理规定执行。新能源场站应定期向调度机构收集整定所需的系统侧等值参数，对自行整定的保护装置定值进行校核。整定计算人员应熟悉并掌握相关专业理论、技能及规程，具备从业经验并保持相对稳定。调度管辖范围变更时，应同时移交有关图纸、资料、定值单等；接管单位应复核相关保护定值。整定范围的分界点、整定限额和等值阻抗（网络）（包括最大、最小正序、零序）应书面明确，共同遵守。新建和扩建新能源场站在拟定并网前，应将过电压、低电压、高频、低频保护和调度机构认为有必要列入管理范围的其他保护的定值，报相应调度机构备案。未经相应调度机构允许，涉网保护定值不得擅自更改。新能源场站应提供相关设备承受水平及短路特性的详细技术资料。

4.4.2 参数管理规定

定期交换等值阻抗（网络），等值阻抗（网络）界面应由整定计算各方共同商定，以保证系统安全稳定运行为原则。为计算方便，所有参数值一般都用标幺值表示，可以根据系统基准容量和元件所在电压等级的基准电压转换为有名值。数据交换时，选取系统基准容量为100MVA，各个电压等级的基准电压为平均额定电压，见表4-1。

表4-1　常用电压等级的标称电压及平均额定电压　kV

电压等级	标称电压	平均额定电压
1000	1000	1050
750	750	765
500	500	525
330	330	345
220	220	230
110	110	115
66	66	69
35	35	37
10	10	10.2

各级调度间计算参数的交换流程应符合相关要求。工程投产前3个月，工程组织方应提供继电保护整定计算的全部参数，包括线路的设计参数，变压器、无功补偿设备等一次设备的实测参数，光伏、风电机组模型及短路特性等。

4.4.3 图纸资料管理规定

工程投产前3个月，工程组织方应将与继电保护整定计算相关的图纸资料提交相应的继电保护整定计算单位。工程投产前15个工作日提供保护装置定值清单、软件版本等。工程项目投产后的3个月内，工程组织方负责向运行单位提供与保护设备相符的竣工图纸及电子版（可修改）图纸。

4.4.4 定值单管理

一次设备的电气参数均应采用实测值。负责整定计算的单位，应根据实测参数下发正式定值单。整定计算必须保留中间计算过程（整定书），整定书需妥善保管，以便日常运行或事故处理时核对。整定计算结束后，需经专人全面复核，以保证整定计算的原则合理、定值计算正确。编制定值通知单时应注明定值单编号、编发日期、限定执行日期和作废的定值通知单等。定值通知单应严格履行编制及审批流程，应有计算人、复核人及审批人签字并盖章方能生效。运行单位应严格按照定值通知单要求设定保护装置定值并履行定值核对手续，同时在定值单上记录核对人员姓名、核对日期。定值通知单宜一式4份，其中下发定值通知单的部门自存1份、调度1份、运行单位2份（现场及继电保护专业各1份）。所有执行的有效定值单与作废定值单分别存放，以方便管理。

第 5 章　新能源现场运维管理

近几年，随着新能源场站的快速发展，专业运维人员的数量剧增，但新增人员专业知识浅薄，实际运维经验不足，设备的运行维护只停留在简单的理论层面，远远不能满足安全生产运行维护的需要，对电网的安全稳定运行和调度管理产生很大的影响。运维人员技术及管理水平的高低，直接关系新能源变电站的发电效率及经济效益。同时，新能源变电站运维管理中存在许多危险点，这就要求现场运维人员熟练掌握新能源变电站内设备运行及维护规定，并对现场运行危险点进行有效分析，找到危险点产生的原因并进行科学的控制，才可以保证供电设备的安全稳定运行，保障现场运维人员的人身安全。一旦危险点没有得到及时、有效的控制，将会引发事故或人身危害。因此加强新能源变电运维技术培训及提升运维管理水平至关重要。

5.1　主变压器的运行

5.1.1 主变压器铭牌规范

变压器在电力系统中的主要作用是变换电压，以利于功率的传输。电压经升压变压器升压后，可以减少线路损耗，提高送电的经济性，达到远距离送电的目的；降压变压器能把高电压变为用户所需要的各级使用电压，满足用户需要。

主变压器的主要铭牌参数如下：

（1）额定容量：在额定电压、额定电流时连续运行所输送的容量。

（2）额定电压：变压器长时间运行所能承受的工作电压。

（3）额定电流：变压器在额定容量下，允许长期通过的电流。

（4）容量比：变压器各侧额定容量之比。

（5）电压比：变压器各侧额定电压之比。

（6）短路损耗（铜损）：变压器一、二次电流流过一、二次绕组，在绕组电阻上所消耗的能量之和。铜损与一、二次电流的平方成正比。

（7）空载损耗（铁损）：变压器在额定电压时，变压器铁芯所产生的损耗。铁损包括励磁损耗和涡流损耗。

（8）空载电流：变压器在额定电压下空载运行时，一次侧通过的电流。（不是指刚合闸瞬间的励磁涌流峰值，而是指合闸后的稳态电流。）

（9）百分比阻抗（短路电压）：变压器二次绕组短路，使一次侧电压逐渐升高，当二次绕组的短路电流达到额定值时，此时一次侧电压与额定电压比值的百分数。变压器的容量与短路电压的关系是：变压器容量越大，其短路电压越大。

（10）变压器的接线组别：接线组别表明变压器各侧线电压的相位关系，将三相变压器的接线分为若干组，称为接线组别。

5.1.2 主变压器正常运行中的监视

1. 油温监视

现场温度计指示的温度、控制室温度显示装置、监控系统的温度应基本保持一致，误差一般不超过5℃。上层油温的允许值应遵循制造厂的规定。强迫油循环风冷变压器的上层油温不得超过75℃，最高不得超过85℃；油浸风冷式、油浸自冷式上层油温不得超过85℃，最高不得超过95℃。油浸风冷变压器在风扇停止工作时，应监视上层油温不得超过规定值，当上层油温不超过55℃时，则可以不开风扇在额定负荷下运行。

油浸（自然循环）风冷变压器，风扇停止工作时，允许的负荷和运行时间应按制造厂的规定。油浸风冷变压器当冷却系统部分故障停止风扇后，顶层油温不超过65℃时，允许带额定负荷运行。油浸自冷变压器上层油温超过95℃时，应及时加强监视并控制负荷。

当强迫油循环风冷变压器冷却装置全停时，在额定负荷下可继续运行20min；若冷却器全停后上层油温尚未达到75℃，则允许上层油温上升至75℃，且允许运行时间不得超过1h（冷却器全停时应立即退出该保护出口压板）。主变压器负荷超过额定负荷的70%长期运行时，应加强上层油温的监视。

冷却装置部分故障时，变压器的允许负荷和运行时间应参考制造厂规定。

2. 电压监视

主变压器的电压应在额定电压的±5%范围变动，一般不得超过相应分接头电压的5%，超过时会引起铁芯过饱和出现高次谐波而产生过电压，并使铁损增加，电压低对主变压器无任何不良后果，但影响电能质量。

不论电压分接头在何位置，如果所加一次电压不超过其相应额定值的5%，则主变压器的二次侧可带额定电流。

3. 负荷监视

运行中的变压器应在允许的正常负荷及以下运行。（变压器允许的正常负荷指变压器在上层油温不超过额定值的条件下，可以按照额定容量长期连续运行。）

变压器可在事故过负荷的情况下运行，事故过负荷只允许在事故情况下使用。主变压器经过事故过负荷以后，应将事故过负荷的大小和持续时间记入主变压器技术档案内。主变压器存在较大的缺陷（如冷却系统不正常、严重漏油、色谱分析异常等）时不允许过负荷运行。

主变压器三相负荷不平衡时，应监视最大电流相的负荷。当主变压器过负荷时，应立即采取措施，将负荷限制在额定容量以内，过负荷时间不应超过30min。

4. 油位监视

主变压器油位的指示应与实际油位相符，值班人员应在气温突变和严重渗、漏油情况下加强对主变压器油位的监视，当发现油位过低或过高时及时处理，必要时向调度机构申请停电处理。

5.1.3 变压器的运行规定

1. 变压器投运前的检查

（1）相应的图纸、资料是否齐全，各种试验是否合格。

（2）基础无下沉、无裂缝。

（3）变压器周围及各部位清洁、无杂物，无渗、漏油现象，安全措施全部拆除，无遗留的工具及其他物件。

（4）套管油色透明、无杂质，油位在标志线以上，套管无裂纹、渗油、放电痕迹，且端头接线紧固。

（5）变压器本体油位、分接开关油位应按温度－油位曲线规律指示正常。

（6）变压器分接头指示正确（主变压器本体、操作箱、监控机位置一致），有载调压装置操作良好。

（7）变压器呼吸器内硅胶颜色正常，硅胶变色超过2/3时应及时更换。

（8）变压器温度指示与监控端指示一致，并与环境温度相对应。

（9）通风冷却装置应能手动和自动投入正常运转，信号上传正确。

（10）气体继电器内部充满油，无气体及渗油现象，各部接地良好。

（11）外壳、中性点、避雷器接地应牢固、可靠。

（12）变压器压力释放装置完好无损，无喷油现象。

（13）储油柜、散热器及气体继电器阀门全部打开。

（14）对有载调压装置进行传动试验，并检查调压开关就地指示位置同监控端指示一致。

（15）变压器周围的消防器材配备完善。

2. 变压器运行的一般规定

（1）油浸（自然循环）风冷变压器的风机应满足分组投切的功能，运行中风机的投切应采用自动控制。

（2）变压器在正常运行时，本体及有载调压开关重瓦斯保护应投跳闸，本体及有载调压开关轻瓦斯保护应投信号。

（3）强迫油循环风冷变压器的冷却装置全停应投跳闸。

（4）变压器本体应设置油面过高和过低信号，有载调压开关宜设置油面过高和过低信号。

（5）运行中的变压器进行补油、换潜油泵、油路检修及气体继电器探针检测；冷却器油回路、通向储油柜的各阀门由关闭位置旋转至开启位置；油位计油面异常升高或呼吸系统有异常需要打开放油或放气阀门；更换硅胶、吸湿器；进行气体继电器集气室的气体排出等工作时，应将重瓦斯保护改投信号，工作完毕后及时恢复。

5.1.4 变压器的维护

变压器在电力系统中有着很重要的作用，然而，由于其结构、工艺以及运行维护等多方面的原因，变压器故障频繁发生，大大影响了系统的正常运行。因此，加强变压器的定期维护，采取切实有效的措施防止变压器故障的发生，对确保变压器的安全稳定运行具有重要的意义。变压器的正常维护项目及周期如下：

（1）利用变压器停电检修的机会进行变压器的外部（包括套管）清扫、储油柜集污器内的积水和污物的清除。

（2）每年对被污物堵塞影响散热的冷却器进行一次冲洗。

（3）每季对各种风冷控制箱和二次回路进行检查和清扫。

（4）有载调压控制箱、滤油机控制箱、在线监测装置、温度计每季清扫一次。

（5）巡视发现变压器运行声音异常，应查明、分析声音异常原因并采取措施。

（6）各控制箱及二次端子箱门应关严，电缆穿孔封堵应严密，防止小动物进去造成不必要的故障。

（7）吸湿器的维护。本体储油柜、分接开关储油柜的呼吸器硅胶颜色正常时应为蓝色，变为粉色应及时更换。吸湿剂受潮变色超过2/3、油封内的油位超过上下限、吸湿器玻璃罩及油封破损时应及时维护。当吸湿剂从上部开始变色时，应立即查明原因，及时处理；对于有载分接开关，还应将AVC调挡功能退出；油封内的油应补充至合适位置，补充的油应合格；维护后应检查呼吸正常、密封完好。

（8）冷却系统维护。运行中发现冷却系统指示灯、自动空气开关、热耦合接触器损坏时，应及时更换；指示灯、自动空气开关、热耦合接触器更换时应尽量保持型号相同，更换完毕后应检查接线正确，电源自投、风机切换正常。

5.2 高低压配电装置的运行

5.2.1 高压配电装置的运行

高压电气设备包括高压断路器、隔离开关、母线、电压互感器、电流互感器、电力电容器、消弧线圈及高压熔断器等设备，35kV系统多使用室内的高压开关柜，高压开关柜由柜体和手车开关两部分组成。柜体由金属隔板分成几个独立的隔室，有母线室、手车开关室等，手车根据用途可分为断路器手车、隔离开关手车、电压互感器手车。

开关柜内一次接线应符合设计要求，避雷器、电压互感器等柜内设备应经隔离开关（或隔离开关手车）与母线相连，严禁与母线直接连接；开关柜隔离开关触头拉合后的位置应便于观察各相的实际位置或机械指示位置；开关（小车开关在工作或试验位置）的分合指示、储能指示应便于观察并明确标示。

对于开关柜存在误入带电区域风险的部位，应加锁并粘贴醒目警示标志。开关柜内电缆接头宜设置示温蜡片，便于通过巡视观察示温蜡片变色情况判断接头是否发热。开关柜的柜间、母线室之间及与本柜其他功能隔室之间应采取有效的封堵隔离措施。一、二次电缆进线处应采取有效的封堵措施，并做防火处理。

封闭式开关柜必须设置压力释放通道，压力释放方向应避开人员和其他设备。

开关柜内驱潮器应一直处于运行状态，以免开关柜内元件表面凝露，影响绝缘性能，导致沿面闪络。

开关柜内开关在工作位置时，严禁就地进行分、合闸操作。远方操作时，现场人员应远离设备。操作中应同时监视有关电压、电流等指示及红绿灯的变化是否正常，控制把手不要用力过猛，不宜返回太快；电动操作开关分、合闸后，若发现分、合未成功，应立即取下控制熔断器或控制电源开关，以防烧坏跳、合闸线圈。手车开关每次推入柜内后，应保证手车到位、隔离插头接触良好、机械闭锁可靠。开关柜内手车开关拉出后，隔离带电部位的挡板封闭后禁止开启，并设置“止步，高压危险！”的标示牌。

开关在新安装或检修后，应在试验合格后方可投入运行。停运的开关在投入运行前，应对该开关本体及保护装置进行全面、详细的检查，必要时进行保护装置的传动试验，保证分、合正常，信号正确，方可投入运行，严禁将拒绝跳闸的开关投入运行。

5.2.2 站用交流电源系统

站用系统作为检修电源、直流充电机、主变压器调挡、机构箱、端子箱（驱潮、照明）、隔离开关电动操作电源、生活用电及全站照明。

站用系统由35/10kV和380/220V电压系统组成，交流电源相间电压值应不超过420V、不低于380V，三相不平衡值应小于10V。站用电电源的配置为保证交流系统的不间断供电，提高供电可靠性，一般要求站用交流系统至少配置两路电源，当各负荷主电源失电时，应立即切换到备用电源，若主、备电源均不能尽快恢复供电时，应考虑对主变压器、无功补偿装置等设备的影响，监视直流系统电压、蓄电池组电压。

不同站用变压器电源供电的负荷回路不得并列运行，站用交流回路严禁合环运行。电源切换前，应检查备用电源进线电压正常、相序正确，停运大负荷运行设备，采用瞬停的切换方法进行切换。电源切换时，在切换前应检查所带负荷的运行情况，以防影响设备的安全运行。

5.2.3 母线及隔离开关的运行

1. 母线的运行要求

（1）母线及绝缘子送电前应试验合格，各项检查项目合格，各项指标满足要求，保护按照要求投入，并经验收合格，方可投运。

（2）母线在通过允许电流时，温度不应超过70℃，在通过短路电流后，不应发生明显的弯曲变形等损伤。

（3）检修后或长期停用的母线，投运前须用带保护的开关对母线充电。

（4）母线拆卸大修后，需进行重新核相。

（5）旁路母线投入前，应在保护投入的情况下用旁路开关对旁路母线充电一次。

2. 母线异常运行及处理

（1）可用红外测温仪来测量母线的温度，发现母线过热时，值班人员应立即采取措施，必要时向调度机构申请采取倒换运行方式，甚至停电处理。

（2）发现母线绝缘子破损、放电时，值班人员应尽快报告调度机构，申请停电处理，在停电更换绝缘子前，应加强对破损绝缘子的监视，增加巡视次数。

（3）母线出现异常声响时，检查母线连接的金具是否松动，母线是否有尖端放电，绝缘子表面是否污秽，应根据现场情况进行处理。

3. 母线紧急申请停运规定

发现母线有下列情况之一时，应立即汇报值班调控人员申请停运，停运前应远离设备：

（1）母线支柱绝缘子倾斜、断裂、放电或覆冰严重时。

（2）悬挂型母线滑移、硬母线伸缩节变形时。

（3）母线严重发热，热点温度不小于130℃时或单片悬式瓷绝缘子严重发热时。

（4）软母线或引流线有断股，截面损失达25%以上或不满足母线短路通流要求时。

（5）母线异常音响或放电声音较大时。

（6）户外母线搭挂异物，危及安全运行，无法带电处理时；其他引线脱落，可能造成母线故障时。

（7）其他根据现场实际认为应紧急停运的情况。

4. 隔离开关的运行

隔离开关与断路器不同，它没有专门的灭弧机构，不能切断负荷电流和短路电流，使用时一般与断路器配合。在设备检修时，用隔离开关来隔离有电和无电部分，造成明显的断开点，使检修的设备与电力系统隔离，以保证工作人员和设备的安全。隔离开关和断路器相配合，进行倒闸操作，以改变运行方式。

隔离开关应有完整的铭牌、规范的运行编号和名称，分合指示、旋转方向指示清晰正确，其金属支架、底座应可靠接地，辅助触点应切换可靠，操动机构、测控、保护、监控系统的分合闸位置指示应与实际位置一致。

导电回路长期工作温度不宜超过80℃。在合闸位置时，触头应接触良好，合闸角度应符合产品技术要求；在分闸位置时，触头间的距离或打开角度应符合产品技术要求。

隔离开关与其所配装的接地开关间应有可靠的机械闭锁且强度足够，电动操作回路的电气联锁功能应满足要求。绝缘子爬电比距应满足所处地区的污秽等级，不满足污秽等级要求的应采取防污闪措施。未涂防污闪涂料的瓷质绝缘子应坚持“逢停必扫”，已涂防污闪涂料的绝缘子应监督涂料有效期限，在其失效前复涂。机构箱应设置可自动投切的驱潮加热装置，定期检查驱潮加热装置运行正常、投退正确。

允许用隔离开关直接进行的操作有：在电网无接地故障时，拉合电压互感器或拉合变压器中性点接地开关；在无雷电活动时拉合避雷器；拉合330kV及以下空载母线；对双母线单分段接线方式，当两个母联断路器和分段断路器中某开关出现分、合闸闭锁时，可用隔离开关断开回路。但操作前必须确认三相开关在合位，并取下其操作电源；与开关并联的旁路开关，当开关合闸到位时，可以拉合开关的旁路电流；对于3/2接线，某一串开关出现分、合闸闭锁时，可用隔离开关来解环，但必须有两串及以上的开关成串运行。

5.2.4 互感器的运行

1. 电压互感器运行的一般规定

（1）新投入或大修后（含二次回路更动）的电压互感器必须核相，电压互感器正常情况下应在额定铭牌参数下运行。电压互感器允许在1.2倍额定电压下连续运行。中性点有效接地系统中的互感器，允许在1.5倍额定电压下运行30s。中性点非有效接地系统中的电压互感器，在系统无自动切除对地故障保护时，允许在1.9倍额定电压下运行8h；在系统有自动切除对地故障保护时，允许在1.9倍额定电压下运行30s。

（2）SF_6电压互感器的气体压力指示与制造厂规定相符，压力表偏出正常压力区时，应查明原因并及时处理。

（3）电压互感器的各个二次绕组（包括备用）均必须有可靠的保护接地，且只允许有一个接地点。接地点的布置应满足有关二次回路设计的规定。

（4）运行中的电压互感器二次侧严禁短路，以防烧坏线圈。电压互感器退出运行时，应特别注意其所带的保护是否会因失去电压而误动。

（5）两台电压互感器并列运行，应在高压侧并列后，再进行低压侧的并列，否则，由于电压互感器从低压侧反充电，引起电压互感器二次低压熔断器熔断或自动空气开关跳闸，致使保护装置失去二次电压。

（6）电压互感器二次回路有工作时，严禁进行二次电压切换或并列操作，应将高压和低压的所有开关断开并做好相应的安全措施。

2. 电压互感器紧急停运的规定

发现有高压熔断器连续熔断两次；外绝缘严重裂纹、破损，电压互感器有严重放电，已威胁安全运行时；内部发出焦臭味、冒烟、着火、有放电“噼叭”响声或其他噪声；电压互感器内或引线出口处有严重喷油、漏油现象；套管、引线与外壳之间有火花放电；SF_6电压互感器严重漏气；电压互感器本体或引线端子有严重过热；电压互感器二次绕组发生短路及其他根据现场实际认为应紧急停运等情况，运维人员应立即汇报值班调控人员，申请将电压互感器停运，停运前应远离设备。

3. 电流互感器运行的一般规定

（1）电流互感器允许设备在最高电压下和额定连续热电流下长期运行。

（2）电流互感器在投运前及运行中应注意检查各部位接地是否牢固可靠，末屏应可靠接地，严防出现内部悬空的假接地现象。

（3）新投入或大修后（含二次回路更动）的电流互感器必须核对相序、极性。

（4）电流互感器二次侧严禁开路，备用的二次绕组应短接接地。

（5）运行中的电流互感器二次侧只允许有一个接地点。

（6）当运行中发现电流互感器的二次电流严重不平衡时，应立即查明原因并及时处理，必要时应向调度机构汇报，申请停电处理。

（7）在电流互感器的二次回路工作，要严防两点接地，不得随意打开电流互感器的二次回路固定接地点。

（8）三绕组变压器中压侧或低压侧有停电工作时，如果工作涉及差动保护用的二次电流回路，应将涉及的差动保护停用。

（9）SF_6户外电流互感器运行压力值应在规定范围内；压力表偏出正常压力区时，应查明原因并及时处理。

4. 电流互感器紧急停运的规定

发现电流互感器有严重异音、异味、冒烟或着火及温度超过允许值导致过热引起冒烟或发出臭味；主绝缘发生击穿，造成单相接地故障；一次接线松动严重过热；外绝缘严重裂纹、破损，严重放电；瓷质部分严重破损；电流互感器运行中绝缘介质严重泄漏；电流互感器二次开路；其他根据现场实际认为应紧急停运等情况时，运维人员应立即汇报值班调控人员申请将电流互感器停运，停运前应远离设备。

另外，当电流互感器二次开路时，有关电流指示为零，有功、无功负荷指示下降，保护回路异常，出现火花，电流互感器本体有电磁声，应立即将存在误动风险的保护退出，并汇报调度机构申请停电处理。

5.2.5 防误闭锁装置的运行

高压电气设备均应有防误闭锁装置，防误闭锁装置应简单完善、安全可靠、操作和维护方便，必须具备以下“五防”功能：防止误分、误合断路器；防止带负荷拉、合隔离开关；防止带电挂（合）接地线（接地开关）；防止带地线（接地开关）合断路器（隔离开关）；防止误入带电间隔。防误闭锁装置运行规定如下：

（1）运行操作中防误闭锁装置发现异常时，应及时报告值班长，查明原因，确定为装置故障时，经值班长同意，在值班长监护下进行解锁操作，操作完后应及时恢复，并做好记录。

（2）防误闭锁装置不得随意退出，因故必须退出时，应经有关领导批准，并限定恢复时间。防误闭锁装置在退出期间，应将隔离开关的操作把手锁住并按值移交，防止误操作，直至闭锁装置完善为止。

（3）防误闭锁装置应有完善的管理制度和专人管理，并要求专责人每季用紧急解锁钥匙对全站程序锁进行一次解锁操作，对开锁不灵活的进行处理，必要时注入少量机油或进行更换。

（4）解锁钥匙仅限于电气运行人员特殊情况下使用，不得外借。正常操作时，一律按规定的操作程序进行操作，不得使用解锁钥匙解锁操作。

5.3 电力电缆的运行

5.3.1 电力电缆的运行要求

电力电缆供电以其安全、可靠、稳定、节约线路走廊且利于城市美化等优点，被广泛采用并逐步取代架空线路。然而由于电力电缆多埋设于地下，运行环境复杂，出现异常很难发现，故日常的运行维护显得尤为重要。电缆线路运行维护着重要做好负荷监视、电缆金属套腐蚀监视和温度监视三个方面工作，保持电缆设备始终在良好的状态和防止电缆事故突发。

（1）负荷监视。一般电缆线路根据电缆导体的截面积、绝缘种类等规定了最大电流值，利用各种仪表测量电缆线路的负荷电流或电缆的外皮温度等，作为主要负荷监视措施，防止电缆绝缘超过允许最高温度而缩短电缆寿命。

（2）温度监视。测量电缆的温度，应在夏季或线路最大负荷时进行。测量直埋电缆温度时，应测量同地段无其他热源的土壤温度。电缆同地下热力管交叉或接近敷设时，电缆周围的土壤温度，在任何情况下不应超过本地段其他地方同样深度的土壤温度10℃以上。检查电缆的温度，应选择电缆排列最密处、散热最差处、有外部热源影响处进行。

（3）腐蚀监视。为了监视有杂散电流作用地带的电缆腐蚀情况，必须以专用仪表测量沿电缆线路铅包流入土壤内杂散电流密度。如果属于阳极区，则应采取相应措施，以防止电缆金属套的电解腐蚀。

5.3.2 电力电缆的正常巡视检查项目

电缆不应浸于水中运行，应检查电缆头清洁，无裂纹、流胶，外皮无凸起、无渗漏油，无发热、放电现象且接地良好；引出线要紧固可靠、无松动现象；电缆终端盒及电缆线路沿线标志清晰完整；电缆沟盖板平整，电缆终端头相应颜色应明显；配电盘柜的电缆孔洞、电缆穿墙孔洞、电缆管封堵完好；冬季时户外电缆头不应挂有冰柱。

5.3.3 电力电缆的试验

电力电缆试验的关键在于准确判断电缆的绝缘承受能力，使绝缘受潮、老化及绝缘缺陷等故障提前暴露出来，防止在电缆运行中发生绝缘击穿而造成不必要的停电损失和恶劣的社会影响。

（1）电力电缆交接试验项目。根据电力预防性试验规范，电力电缆在投入运行前应当按照规范进行检验，符合要求方可投入运行。电力电缆交接试验项目，应包括下列内容：主绝缘及外护层绝缘电阻测量、主绝缘直流耐压试验及泄漏电流测量、主绝缘交流耐压试验、外护套直流耐压试验、检查电缆线路两端的相位、充油电缆的绝缘油试验、交叉互联系统试验、电力电缆线路局部放电测量等。

（2）电力电缆的预防性试验。预防性试验是在电力电缆投入运行后，根据电缆的绝缘、运行等状况按一定周期进行的试验，其目的是掌握运行中的电力电缆线路绝缘状况，及时发现和排除电缆线路在运行中发生和发展的隐形缺陷。主要有绝缘电阻测试、直流耐压试验、泄漏电流试验、交流耐压试验、介质损耗因数试验、局部放电测试试验、电缆的油样试验等。

1）绝缘电阻测试。电力电缆的绝缘电阻，是指电缆芯线对外皮或电缆某芯线对其他芯线及外皮间的绝缘电阻。在一定直流电压作用下，电缆的绝缘电阻可以反映流过它传导电流的大小。测量电缆绝缘电阻的最基本的方法是在被试电缆两端施加一个恒定的直流试验电压，该电压产生一个通过电缆试品的电流，借助仪表测量出电缆的电流—时间特性，就可以换算出电缆的绝缘电阻—时间的变化特性或某一特定时间下的绝缘电阻值。工程上进行电缆绝缘电阻测试所采用的设备为绝缘电阻表。

2）直流耐压试验。直流耐压试验的基本方法是：在电缆主绝缘上施加高于其工作电压一定倍数的直流电压值，并保持一定的时间，要求被试电缆能承受这一试验电压而不击穿，从而达到考核电缆在工作电压下运行的可靠性和发现绝缘内部严重缺陷的目的。

3）泄漏电流试验。指测量电缆在直流电压作用下，流过被试电缆绝缘的持续电流，从而有效地发现电缆线路的绝缘缺陷。通常，泄漏电流试验一般和直流耐压试验同时进行，根据泄漏电流的变化规律来判断绝缘的劣化程度。

4）交流耐压试验。交流耐压试验是用来检验电缆绝缘在工频交流工作电压下的性能试验。国家规定在电缆绝缘上施加工频试验电压1min，不发生绝缘闪络、击穿或其他异常现象，则认为电缆绝缘是合格的。

5）介质损耗因数试验。当电缆绝缘受潮、电缆油脏污或老化变质、绝缘中有气隙放电等现象时，在电压作用下，流过绝缘的电流中有功电流分量增大，即在绝缘中的损耗增大。但损耗的大小不仅与有功电流的大小有关，还与绝缘的体积大小有关，试验时一般测量绝缘介质的损耗因数。

6）电缆的油样试验。充油电缆线路在正常情况下运行时，通过绝缘油样试验可以大致反映整条线路的绝缘状况。充油电缆的油样试验一般包括交流击穿强度试验、介质损耗角正切测量、色谱分析、含水量试验等。

7）局部放电测试试验。电缆的绝缘中，各部位的电场强度往往是不相等的，当局部区域的电场强度达到电介质的击穿场强时，该区域就会出现放电，但这种放电并没有贯穿施加电压的两导体之间，即整个绝缘系统并没有击穿，仍然保持绝缘性能，这种现象称为局部放电。局部放电时产生电、光、热、声等现象，利用上述现象都可以检测局部放电，确定放电部位。

5.4 光伏发电系统的运行

5.4.1 概述

并网的光伏发电系统就是太阳能组件产生的直流电经并网逆变器转换成符合电网要求的交流电后直接进入公共电网。并网的光伏发电系统有集中式的，主要特点是将所发的电能直接输送至电网，由电网统一调配向用户供电，还有分布式的并网光伏发电系统，是指在用户现场配置较小的光伏发电系统，以满足特定用户的需求。

光伏发电系统一般由太阳电池组件、蓄电池、电力电子设备（充放电控制器、逆变器、测试仪表和计算机监控等）和并网装置组成，此外还有一些辅助设备。

5.4.2 光伏组件运行规定

光伏组件是光伏发电系统中最稳定、最不容易出现故障的组成部分，也是光伏系统的核心部件，为了掌握光伏组件设备的运行状况，及时发现和消除设备缺陷，预防事故的发生，确保设备安全经济运行，保证完成发电计划，每个运行值班人员必须严格按照规定要求，认真做好设备巡视检查工作。

（1）光伏组件在运行中不得有物体长时间遮挡，表面应保持清洁，有污物时应及时清理。按照同辐照度条件下，剔除组件衰减影响，电站功率下降5%时宜进行光伏组件的清洗，清理时用海绵蘸水擦拭或水龙头冲洗即可，不得使用锐利物件进行刮洗，不得使用腐蚀性溶剂。

（2）光伏组件表面出现玻璃破裂或热斑、背板灼焦、破裂、光伏组件接线盒烧损时，应及时进行检测、更换并做好记录。

（3）光伏组件更换前应检查外观正常、测量开路电压，在更换光伏组件时，必须断开相应的汇流箱支路熔断器及相连光伏组件接线，更换的电池组件必须与原组件型号、参数一致，原则上不允许混装，工作人员需使用绝缘工器具，更换完毕后必须测量并记录组串电流。

（4）严禁在雨中进行光伏组件的连线工作、触摸光伏组件的金属带电部位。

（5）光伏组件运行中正极、负极严禁接地。

（6）大风等恶劣天气过后应对光伏组件进行一次全面巡回检查。

（7）每月至少安排人员作一次巡查，发现有明显的异物（塑料袋、树叶、纸屑、鸟粪等）在太阳能电池组件上，应及时将其清理掉。如果没有自动数据采集设备，还需每月记录发电的数据；对于带有自动记录设备的，需要每月或定期了解数据情况。

（8）每半年对直流汇线盒（箱）进行一次巡检，确定没有虫子、潮气等，检查相关的熔丝。

（9）每半年检查一次线缆，看是否有烧焦、绝缘破坏以及其他破坏（被老鼠咬等），电缆连接头以及电缆固定点是否松动。

5.4.3 汇流箱运行规定

汇流箱是为了减少光伏组件与逆变器之间连接线，方便维护，提高可靠性而设计的光伏产品。使用光伏汇流箱，用户可以根据逆变器输入的直流电压范围，把一定数量的规格相同的光伏组件串联组成1个光伏组件串列，再将若干个串列接入汇流箱进行汇流，通过防雷器与开关后输出，方便逆变器的接入。

1．汇流箱的运行规定

（1）当直流汇流箱设备故障退出运行时，应断开逆变器直流侧相应支路开关。

（2）在逆变器直流侧、汇流箱内工作时应做好光伏组件侧的隔离措施。

（3）投切汇流箱熔断器时，工作人员必须使用绝缘工具，汇流箱内熔断器更换时需更换同容量的熔断器。

（4）更换汇流箱熔断器时，需断开汇流箱内开关，并用专用熔断器夹钳取出熔丝。更换熔断器底座时，需断开汇流箱内开关，并取下所对应支路熔断器，拔开电池组串的正负极插头，并用万用表测量无电压时方可更换。

（5）更换其他控制器件时，需断开汇流箱内开关，并取下拔开汇流箱内全部支路熔断器，拔开汇流箱所对应全部电池组串的正负极插头，并用万用表测量无电压时方可更换。

（6）更换开关时，需断开逆变器直流侧相应支路开关，并取下拔开汇流箱内全部支路熔断器，拔开汇流箱所对应全部电池组串的正负极插头，并用万用表测量无电压时方可更换。

2. 汇流箱的运行与维护

（1）汇流箱整体完整不得存在变形、锈蚀、漏水、积灰现象，箱体外表面安全警示标识应完整无破损，箱体上的防水锁启闭应灵活；若汇流箱有损坏、变形倒塌事故，应及时处理，并做好记录。

（2）汇流箱整体清洁无杂物，汇流箱内各个接线端子不应出现松动、锈蚀现象。

（3）箱内各熔断器无熔断、防反二极管无烧坏，采集板、防雷模块、开关无异常。

（4）接地线连接良好，直流汇流箱内防雷器应有效。

（5）进出线电缆完好，无变色、掉落、松动、断线、绝缘破损现象。

（6）通信指示正常。

5.4.4 并网逆变器运行规定

逆变器是将直流电转换成交流电的设备，逆变器在运行中，必须保证逆变器风机运行正常，室内通风良好。正常运行时运维人员不得擅自更改逆变器任何参数，退出运行再次投入时，应达到厂家规定的间隔时限。逆变器运行中应无异音、异味、异常振动，电气运行参数正常，与监控系统通信正常，输出功率正常。

1. 光伏并网逆变器的巡视检查

（1）逆变器应每周检查一次。

（2）检查各指示灯及信号指示正常，开关位置正常，通风设备正常。

（3）检查逆变器的引线支持状态及接线端子，接线板等处的电气连接部分无松动及局部过热现象，内部母排连接牢固。

（4）检查逆变器的接地牢靠。

（5）检查设备的各电气元器件无过热、异味、断线等异常情况。

（6）检查逆变器功率模块运行正常。

2. 光伏并网逆变器试验要求

检修后的光伏并网逆变器必须经过试验合格后才能投入运行。各试验项目的技术要求、指标应按照有关设备的试验标准执行。设备试验不合格应重修或更换，不得带病运行。

进行试验前必须采取稳妥可靠的安全措施，防止人身伤害及设备损坏。试验中所使用的仪器、仪表必须达到试验项目的要求和准确级且应按仪器、仪表的要求和规范使用，试验时仪器应稳妥放置，尽量减少振动和试验误差。

为了保证试验数据的可信度，试验中应有足够的数据和录制量，并应保证数据采集的同步性。试验结论应参考原始记录数据，与原始记录数据有较大误差时应查明原因或重新试验。

5.5　直流系统及 UPS 的运行

5.5.1 直流系统的概况

直流系统由蓄电池组、充电设备、直流屏及馈电线路、电压监控装置、绝缘监测装置等组成，为站内的控制系统、继电保护及自动装置、信号装置、远动装置、通信设备、交流不间断电源装置等提供电源，同时作为独立的电源，在站用电失去后，直流系统可作为应急备用电源，即使在全站交流电源失去的情况下，仍能保证继电保护及自动装置、控制及信号装置等可靠、不间断的工作，同时提供事故照明。

5.5.2 直流系统的运行

1. 直流系统的运行规定

（1）直流系统运行时，电压监控装置、绝缘监测装置均应投入运行。

（2）正常情况下，应保证蓄电池在浮充状态下工作，直流负荷由充电柜供电。蓄电池组和充电柜并列运行，由充电柜给正常负荷供电，并以浮充电流向蓄电池浮充电，蓄电池作为冲击负荷和事故负荷的供给电源。

（3）两个直流电源并列，应极性相同，电压相等（压差2~3V）。即直流系统任意一并列操作，必须在并列点处测量极性正确和电压满足条件后方可进行操作。

（4）直流两段母线应分列运行，直流母线不许脱离蓄电池单独运行，母线电压应维持在230V左右，以确保单个蓄电池的浮充电压在2.23~2.27V为原则。

（5）禁止两组蓄电池并列运行；两组充电电源不宜长期并列运行，但工作充电柜互相切换时，可遵守先并后断的原则。

（6）当任一母线的充电柜发生故障时，必须停用故障充电柜再投入母联断路器。

（7）在未接入蓄电池组时，严禁用“均充电”方式启动充电柜。

（8）严禁两组母线发生不同极性接地时并列运行，防止直流系统两点接地。

（9）双路供电的直流负荷，开环点设在负荷侧。

2. 蓄电池运行的一般规定

蓄电池应置于阴凉干燥处，避免阳光直射，并有足够的维修空间，室内温度不宜过高或过低，正常运行中一般要求室温处于10~30℃为宜，最高不得超过35℃，最低不得低于5℃，室内门窗不应经常开启，但要有较好的通风条件。

蓄电池正常运行时，采取全浮充电运行方式。浮充电流的大小等于负荷电流与蓄电池自放电电流之和。应避免产生过充电及过放电，否则均会影响蓄电池的使用寿命。

应每月进行一次均衡性充电，大型操作、全站失压、浮充机故障后，也应进行均衡充电。每周进行一次直流普查，发现单个蓄电池容量不足或反极时应将其退出运行。

5.5.3 直流系统的检查与维护

为了保证直流系统始终处于良好的运行状态，能够正常使用并发挥作用，日常的巡视检查与运行维护必不可少。

1. 蓄电池的检查

（1）蓄电池组编号完整、外观清洁，壳体无渗漏、变形，连接条无腐蚀、松动，构架、护管接地良好。

（2）蓄电池组总熔断器、巡检采集单元运行正常。

（3）蓄电池电压在合格范围内。

2. 充电装置的检查

（1）监控装置及充电模块运行正常，无其他异常及告警信号。

（2）充电装置交流输入电压、直流输出电压和电流正常。

（3）风扇正常运转，无明显噪声或异常发热。

（4）直流控制母线、动力（合闸）母线电压及蓄电池组浮充电压值在规定范围内，浮充电流值符合规定。

（5）各元件标志正确，直流开关、操作把手位置正确。

3. 馈电屏的检查

（1）绝缘监测装置运行正常，直流系统的绝缘状况良好。

（2）各支路直流开关位置正确、指示正常，监视信号完好。

（3）各元件标志正确，直流开关、操作把手位置正确。

4. 事故照明屏的检查

（1）交、直流电压正常，表计指示正确。

（2）交、直流开关及接触器位置正确。

（3）屏柜（前、后）门接地可靠，柜体上各元件标志正确可靠。

5. 蓄电池的维护

（1）应定期对蓄电池进行外壳清洁工作。严禁使用汽油、煤油等有机熔剂擦拭，如需去除表面污秽，可用5%碱水（小苏打水）擦拭。

（2）每月应测一次单个电池电压及终端电压，检查外观有无异常变形和发热，并做好记录。

（3）新安装的蓄电池组，应进行全核对性放电试验，以后每隔2年进行一次核对性放电试验。运行4年以上的蓄电池组，每年做一次核对性放电试验。放电前逐只测量蓄电池端电压，放电应保持电流稳定，放电时每小时应记录一次电压（单个蓄电池）、放电电流、温度，并计算出放电容量。放电后应进行均衡充电，蓄电池在均衡充电时电流逐渐减少，并最终趋于稳定，如果降至10%充电电流值以下，并保持3~5h基本不变时，转浮充运行，测量蓄电池浮充电压，观测其均衡性。

（4）正常浮充运行不需要均衡充电，但发现有正常浮充时，单个蓄电池电压偏差超过0.1V；个别电池电压低于2.18V；长期小电流深度放电；放电后24h之内未及时充电；蓄电池停电搁置超过3个月等情况应进行均衡充电。

5.5.4 UPS的运行

UPS是站内二次设备正常工作的保障电源，要保证给二次系统提供高质量的电能，必须保证UPS电源的正常运行。UPS电源在安装调试验收后，正确使用和管理是非常重要的。

正常工作时，UPS由厂用交流电源和直流电源两路供电。正常由厂用交流电源供电，直流电源备用，UPS交流电源中断时，自动切换至直流电源供电。当整流–逆变单元故障时，自动切换至交流旁路电源。

需定期对UPS交直流供电电源进行一次切换试验。定期测试UPS电源的工作性能参数，包括输入电压、输入电流、输出电压、输出电流、输出频率、功率因数、充电电压、充电电流等。还要定期测试每个电池的容量及性能参数，发现电池有异常状况的，应及时更换或采取补救措施。

UPS室应保持一定的温度和相对的湿度，保持清洁、无灰尘、无污染，一般温度控制在5℃以上、22℃以下，相对湿度在（50±10）%。

1. UPS系统运行中的检查

（1）检查配电屏、整流器、逆变器、自动稳压器等元件运行正常，无异音，无异味，无过热现象，风扇运行正常、UPS室温度正常。

（2）UPS控制面板各信号灯指示正确，无异常报警，运行状态指示灯与实际运行方式一致。

（3）UPS两路电源开关均合好，且电源正常；交直流输入电压、逆变器输出电压、旁路输出电压均正常。

（4）当逆变器与旁路同步时，不论逆变器切旁路，还是旁路切回逆变器，均实现不间断切换。

2. UPS系统异常及事故处理

当逆变器低电压、过电压，逆变器故障，直流电压故障，风扇故障时逆变器将停止，此时UPS装置自动切换为由旁路供电的运行方式，见表5-1。

表5-1 UPS机柜运行异常状况处理表

信息	原因	说明
输入故障	工作电源失电或输入电压超限	工作电源正常时将自动消失
旁路故障	旁路电源停电或电压超限	旁路电源正常时将自动消失
输出过负荷	负荷超过额定限度	转旁路运行，直到过负荷消失后将自动转回逆变工作
逆变器故障	逆变器故障	逆变器损坏
过温报警	逆变器温度超出正常运行的最高温度	逆变器上的温度高于85℃转旁路运行
电池供电	工作电源故障	蜂鸣器响

续表

信息	原因	说明
旁路频率故障	旁路频率超限	逆变器使用自振，旁路电源正常后和旁路同步
整流器故障	直流超限	联系厂家维修人员

5.6　新能源厂站设备的巡视检查

5.6.1　设备巡视检查的基本要求

设备巡视检查，分为例行巡视、全面巡视、专业巡视、熄灯巡视和特殊巡视。巡视应严格按照《安全生产工作规程》中的要求，做好安全措施，按照巡视路线和巡视项目对一、二次设备逐台认真进行巡视，严禁走过场，巡视高压室后必须随手将门关严，每次的巡视情况应进行记录并签名。新发现的设备缺陷要记录在设备缺陷记录簿内。

雷雨天气时，严禁接近避雷针和避雷器等防雷设施；对于不具备可靠的自动监视和报警系统的设备，应适当增加巡视次数；为确保夜间巡视安全，变电站应具备完善的设备区照明；现场巡视用具应合格、齐备；例行巡视、全面巡视和专业巡视时，运维人员应持标准化巡视作业指导书（卡）开展设备巡视，巡视项目和标准按照各单位审定的标准化巡视作业指导书执行。

站内的日常巡视检查，除交接班巡视外，每天早晚高峰负荷时各巡视一次，每周至少进行一次全站夜间熄灯巡视。

5.6.2　设备的特殊巡视检查

（1）新投运或大修后的主设备，24h 内每小时巡视一次。

（2）对过负荷或异常运行的设备，应加强巡视。

（3）风、雪、雨、雾、冰雹等天气应对户外设备进行巡视。

（4）雷雨季节特别是雷雨过后应加强巡视。

（5）上级通知或重要节日应加强巡视。

5.6.3 变压器的巡视检查项目

（1）检查变压器声音是否正常。

（2）检查油温、油色、油位是否正常，各部位有无渗、漏油现象。

（3）检查呼吸器是否畅通，硅胶是否变色。

（4）检查气体继电器是否充满油。

（5）散热器阀门应打开，温度计的上下限设置应正确。

（6）检查压力释放器及防爆薄膜器是否完好无损。

（7）检查绝缘子、套管是否清洁，有无破损、裂纹、放电痕迹及其他现象。

（8）外壳接地点接触良好，无打火现象。

（9）有载分接开关的分接位置及电源指示应正常。

（10）检查引线有无伤痕、断股、悬挂物，金具连接是否紧固；触点温度是否正常，示温蜡片有无熔化现象。

（11）检查集气盒内有无气体，如有气体，取气后放掉。

（12）检查风扇运转是否正常。

5.6.4 变压器的特殊巡视检查项目

（1）当变压器过负荷，有缺陷，新安装或大修投运后最初72h内，应适当增加巡视次数。

（2）气温剧变时（冷、热）应检查变压器油位、油温，冷却器运行情况。

（3）雷雨后，应检查套管有无放电现象及避雷器的动作情况。

（4）冰雹天气后应检查套管、避雷器、绝缘子有无破损，导线有无断股。

（5）大雾天气应检查套管有无严重放电现象。

（6）大风天气应检查引线有无剧烈摆动，变压器本体及周围有无杂物。

（7）大雪天气应检查变压器有无大量积雪、结冰。

（8）短路故障跳闸后，检查各部件有无变形，触头、引线有无过热、松动，跌落熔断器是否熔断，变压器有无喷油，有无瓦斯气体。

5.6.5 断路器的巡视检查项目

1. 油断路器的巡视项目

（1）油断路器表面应清洁，各部件牢固，无发热、变色现象。

（2）油色及油位应正常且无渗、漏油。

（3）排气管完好，无喷油现象。

（4）分、合闸线圈无焦味、冒烟及烧伤现象。

（5）传动装置中销子、连杆应完整无断裂，分、合闸位置指示器指示正确。

（6）大雪天观察室外开关各接头接触处的落雪，是否立即融化，大风天应检查套管引线有无剧烈摆动现象及有无杂物，浓雾天及阴雨天应检查套管是否有放电现象等。

2. SF_6断路器的巡视项目

（1）每日定时检查记录SF_6气体压力和温度。

（2）断路器各部分及管道无异声（漏气声、振动声、放电声）及异味，管道夹头正常。

（3）套管无裂纹，无放电声。

（4）检查引线连接部位有无过热，引线弛度是否适中。

（5）检查断路器分、合闸位置指示是否正确，与实际运行位置是否相符。

（6）机构箱内加热器运行完好。

（7）附近无杂物、无地基下沉变形现象。

3. 真空断路器的巡视项目

（1）检查分、合闸位置指示是否正确，与实际运行位置是否相符。

（2）检查真空灭弧室（真空泡）有无异声、变色、破裂或金属粉脱落等异常。

（3）支柱绝缘子无裂痕或放电现象。

（4）检查引线接触部分有无过热，示温蜡片有无熔化。

（5）检查红、绿灯指示是否正确，开关柜内照明是否完好。

（6）检查分、合闸线圈及合闸接触器线圈是否有冒烟、异味。

（7）检查开关柜内避雷器运行是否正常。

4. 操动机构的巡视项目

（1）机构箱门平整，开启灵活，关闭紧密。

（2）检查机构箱内有无异味，是否清洁、干净。

（3）检查机构箱内照明、加热器、驱潮电阻是否正常完好。

（4）检查机构箱中辅助触点各继电器是否动作正确。

（5）对于弹簧储能机构，无论开关在任何位置时，合闸弹簧均应储能；检查储能电动机，行程开关触点无卡住和变形，分、合闸线圈无冒烟、异味；开关分闸处于备用状态时，分闸连杆应复归，分闸锁扣应到位；检查储能电动机的电源开关在闭合位置，熔丝完好。

（6）对于液压储能机构，检查油箱油位指示是否正常，各部件有无渗漏现象。

5.6.6 直流汇流箱的巡视检查项目

（1）检查直流汇集箱外观干净无积灰、设备标号无脱落、字迹清晰准确，各部件正常无变形，安装牢固无松动现象，锁具完好、密封性良好。

（2）检查直流汇集箱正常运行时各熔断器全部投入，采集板运行正常，防雷器、开关全部投入运行。

（3）检查信号指示、开关位置是否正常。

（4）检查系统的各电气元器件有无过热、异味、断线等异常情况。

5.6.7 逆变器的巡视检查项目

（1）检查逆变器外观有无破损，倾听逆变器声音是否正常，检查外部有无杂物、通风孔是否积灰、面板显示是否正常。

（2）检查各指示灯及信号指示是否正常，开关位置是否正常。

（3）检查设备的各电气元器件有无过热、异味、断线等异常情况。

（4）检查逆变器功率模块运行是否正常。

（5）检查逆变器散热是否正常（包括轴流风机运转是否正常）。

5.6.8 太阳能光伏组件的巡视检查项目

（1）检查电池单元表面清洁度，有无浮尘、积灰及污浊物。

（2）检查电池单元表面是否完整，有无破损、碎裂、被腐蚀等现象。

（3）检查固定电池单元的支架是否牢固，固定螺栓是否有松动、腐蚀、生锈等。

（4）检查连接线是否完好，有无发热现象，绝缘皮是否完好。

5.6.9 互感器的巡视检查项目

1. 电流互感器的巡视检查

（1）检查各连接引线及接头无发热、变色迹象，引线无断股、散股。

（2）检查外绝缘表面完整，无裂纹、放电痕迹、老化迹象，防污闪涂料完整、无脱落。

（3）检查金属部位无锈蚀，底座、支架、基础无倾斜变形。

（4）检查无异常振动、异常声响及异味。

（5）检查底座接地可靠，无锈蚀、脱焊现象，整体无倾斜。

（6）检查二次接线盒关闭紧密，电缆进出口密封良好。

（7）检查接地标识、出厂铭牌、设备标识牌、相序标识齐全、清晰。

（8）检查油浸电流互感器油位指示正常，各部位无渗、漏油现象；吸湿器硅胶变色在规定范围内；金属膨胀器无变形，膨胀位置指示正常。

（9）检查 SF_6 电流互感器压力表指示在规定范围，无漏气现象，密度继电器正常，防爆膜无破裂。

（10）检查干式电流互感器外绝缘表面无粉蚀、开裂，无放电现象，外露铁芯无锈蚀。

（11）原存在的设备缺陷是否有发展趋势。

2. 电压互感器的巡视检查

（1）外绝缘表面完整，无裂纹、放电痕迹、老化迹象，防污闪涂料完整无脱落。

（2）各连接引线及接头无松动、发热、变色迹象，引线无断股、散股。

（3）金属部位无锈蚀，底座、支架、基础牢固，无倾斜变形，接地引下线无锈蚀、松动情况。

（4）无异常振动、异常音响及异味。

（5）二次接线盒关闭紧密，电缆进出口密封良好；端子箱门关闭良好。

（6）均压环完整、牢固，无异常可见电晕。

（7）油浸电压互感器油色、油位指示正常，各部位无渗、漏油现象；吸湿器硅胶变色小于2/3；金属膨胀器膨胀位置指示正常。

（8）SF_6 电压互感器压力表指示在规定范围内，无漏气现象，密度继电器正常，防爆膜无破裂。

（9）电容式电压互感器的电容分压器及电磁单元无渗、漏油。

（10）干式电压互感器外绝缘表面无粉蚀、开裂、凝露、放电现象，外露铁芯无锈蚀。

（11）接地标识、设备铭牌、设备标示牌、相序标注齐全、清晰。

（12）检查原存在的设备缺陷是否有发展趋势。

5.6.10 母线的巡视检查项目

（1）名称、电压等级、编号、相序等标识齐全、完好，清晰可辨，外观完好，表面清洁，无异物悬挂，无异常振动和声响。

（2）线夹、接头无过热，引线及软母线无断股、散股及腐蚀现象，表面光滑整洁。

（3）绝缘母线表面绝缘包敷严密，无开裂、起层和变色现象。

（4）绝缘屏蔽母线屏蔽接地应接触良好。

（5）金具无锈蚀、变形、损伤。伸缩节无变形、散股及支撑螺杆脱出现象。线夹无松动，均压环平整牢固，无过热发红现象。

（6）绝缘子防污闪涂料无大面积脱落、起皮现象。各连接部位无松动现象、连接销子无脱落等，表面无裂纹、破损和电蚀，无异物附着。支柱绝缘子伞裙、基座及法兰无裂纹。支柱绝缘子及硅橡胶增爬伞裙表面清洁、无裂纹及放电痕迹。支柱绝缘子无倾斜。

5.6.11 保护装置的巡视检查项目

（1）高频保护装置高频通道试验，收发信动作信号正确。

（2）面板显示正常，压板切换开关的位置和信号灯、监视灯指示正确，无异常信号。

（3）检查保护柜后电压、电流量是否正确引入，快速开关是否正确投退、保护各插件是否插入牢靠、插件接口是否接触良好。

（4）检查液晶面板是否能点亮并清晰显示各项信息（如电压、电流、功率一次值，保护投入情况等）正确。

（5）检查保护装置显示时间是否正确、定值区号是否显示为选定区号，检查保护装置的功能压板、出口压板是否与调度指令、定值单一致。

（6）检查微机保护的打印机是否运行正常，打印纸是否充足，有无打印记录。

5.6.12 计算机监控系统的巡视检查项目

（1）检查后台机（含UPS装置）运行是否正常，网络通信是否正常，网络交换机、GPS时钟装置运行是否正常、电源供电是否正常，并无告警信号。

（2）检查监控系统的登录是否设置了操作权限，监控窗口各主菜单是否完备，测试报警音响是否正常。

（3）调用相关运行画面检查有关数据是否与保护装置反映数据一致，是否每秒刷新。检查报警信息是否准确、是否前台弹窗。

（4）检查后台打印机工作是否正常，打印纸安装是否正确、数量是否足够。

5.6.13 直流系统的巡视检查项目

（1）检查直流电压、电流是否正常（合闸母线电压为240~245V，控制母线电压为220~225V）（合闸母线电流4A，控制母线电流6A）。

（2）高频电源开关的运行方式正常为浮充电，电流为0.3~0.5A。

（3）直流系统应无接地现象。

（4）检查直流电源装置上的各种信号灯、声响报警装置是否正常，各直流回路开关运行方式、信号灯应正常。

（5）检查蓄电池是否有过温、壳体有无渗漏和变形，是否清洁，蓄电池的单体电压值，压板有无松动和腐蚀现象，极栓与安全阀周围是否有酸雾溢出等。

（6）检查UPS屏交流输入电源是否正常（370~380V），UPS输出电压是否正常（219~225V），UPS输出是否过负荷。

（7）充电方式转换开关应投至自动充电位置，对于充电装置，检查三相交流电压是否平衡或缺相，运行噪声有无异常，各保护信号是否正常，交流输入电压值、直流输出电压值、直流输出电流值等各表计显示是否正确，正对地和负对地的绝缘状态是否良好。

5.6.14 AVC系统巡视检查项目

AVC系统指在正常运行情况下，通过实时监视电网无功、电压情况，进行在线优化计算，分层调节控制电网无功电源及变压器分接头，是保证电网安全、优质和经济运行的重要措施，故为保证AVC系统的可靠运行，AVC系统的巡视检查及运行维护就必不可少。

每日应对AVC系统进行巡视，包括数据网络畅通、系统状态、数据刷新等运行情况、异常的报警信号、控制策略、指令（上传、下发）、动作情况等，确保数据采集和闭环控制的实时性及正确性。当设备出现异常，有告警信息时应及时恢复信号，当AVC主站控制出现异常时，值班人员应立即采取措施，将AVC由闭环控制模式切换到开环控制模式，并通知专业人员进行处理。

检查AVC系统在变电站内相关设备检修或事故情况下是否自动闭锁调节，

例如：当电容器间隔出现保护测控装置告警、保护测控装置直流失电、保护测控装置通信中断、弹簧未储能、控制回路断线等异常信号时，AVC系统应自动闭锁调节。

在无异常信号及挂牌的情况下，AVC未正确动作，应检查母线、电容器、主变压器回路遥测值是否封锁。

第 6 章　新能源调度管理基本操作要求及注意事项

6.1　新能源调度管理操作要求及注意事项

6.1.1 调度运行操作的基本概念及要求

1. 调度操作概念

调度操作分为倒闸操作和参数调整。其中倒闸操作是指将并网新能源场站设备由一种状态转为另一种状态，如新能源场站设备停送电等；参数调整是指将并网新能源场站设备运行的参数由运行值调至另一运行值，如变压器调挡、二次设备的定值调整、机组出力调整等。

2. 调度操作基本要求

电气设备的运行操作应根据调度管辖范围进行，实行统一调度、分级管理。各级调度机构对其调度管辖范围内的设备发布调度指令，并对其正确性负责。新能源场站值班人员接受调度机构值班调度员的调度指令，并对执行调度指令的正确性负责。值班人员在接受调度指令时，如认为该调度指令不正确，应立即向发布该调度指令的值班调度员报告，当发布该调度指令的值班调度员重复该指令时，受令人必须迅速执行。如执行该指令危及人身、设备安全时，受令人应拒绝执行，同时将拒绝执行的理由及改正指令内容的建议报告发令的值班调度员。值班人员在遇有危及人身、设备安全的紧急情况时，可根据现场规程规定先行处理，处理后应立即报告值班调度员。

3. 设备状态

设备状态主要是指一次设备状态和二次设备状态。一次设备状态分为运行、热备用、冷备用、检修四种状态。运行状态是指从设备电源至受电端的电路全部接通并有相应电压，且控制电源、储能电源投入，相应继电保护等二次设备均在投入状态，设备或电气系统带有电压，其功能有效，通常是指母线、线路、开关、变压器、电抗器、电容器及电压互感器等一次电气设备的运行状态。热备用状态是指设备已具备运行条件，开关控制、储能、信号等电源正常投入，相应继电保护及自动装置满足带电要求，经一次合闸操作即可转为运行状态的状态。冷备用状态是指连接设备的各侧均无安全措施，且连接该设备的各侧均有明显断开点的状态。检修状态是指连接设备的各侧均有明显的断开点，并且各侧已接地的状态。

二次设备状态一般指继电保护、安全自动装置的状态，可分为投入、退出、停用三种状态。投入状态是指其工作电源投入，出口压板与回路接通的状态。退出状态是指其工作电源投入，出口压板断开时的状态。停用状态是指其工作电源退出，出口压板断开时的状态。

6.1.2 变压器操作规定

1. 变压器停送电规定

（1）变压器投入运行时，一般情况下，变压器送电操作先送高压侧，后送低压侧，停电时顺序相反。

（2）强迫油循环变压器投运前应逐台投入冷却器，并按主变压器负荷情况控制投入冷却器的台数；停电半小时后方可将冷却器停运。

（3）无载调压变压器送电前应检查无载调压分接头位置是否在规定位置，有载调压变压器送电前应先将有载调压分接开关调节至合适挡位，使充电后变压器各侧电压不超过其相应分接头电压的5%。

2. 主变压器停送电操作顺序

（1）检查另一台主变压器是否过负荷。

（2）依次断开停电变压器低压侧断路器、高压侧断路器。

（3）依次断开停电变压器低压侧断路器、高压侧断路器两侧隔离开关。

（4）合上停电变压器各侧接地开关（或装设接地线）。

（5）退出停电变压器保护装置。

（6）根据工作需要断开停电变压器相关电源（散热器、有载调压等）。

（7）送电操作程序与停电操作程序相反（相关二次操作严格按状态令及继电保护导则规定执行）。

3. 主变压器并列操作要求、方法

（1）变压器并列运行的条件。

1）相位相同，接线组别相同。

2）电压比相等，差值不得超过 ±0.5%。

3）短路电压百分数相等，差值偏差小于10%。

（2）变压器并列的方法。一般情况下，两台主变压器并列运行前，要检查两台主变压器分接头指示电压相匹配。新投主变压器并列时，还应核相无误后才能与其他变压器并联运行。

4．其他操作要求

（1）变压器在冲击合闸前，差动、瓦斯等所有保护都必须投入跳闸。

（2）330kV及以下主变压器停电前，应先行调整好站用系统运行方式。

新安装或大修后的变压器投入运行前，需要在额定电压下做空载全电压冲击合闸试验。变压器加压前相应保护必须全部投入。新变压器冲击五次，大修后的变压器冲击三次，第一次送电后运行时间10min，间隔10min后再继续第二次冲击合闸，以后每次间隔5min。

（3）110kV及以上大电流接地系统中主变压器投运或停运的操作，中性点必须先接地。投入后可按系统需要决定是否拉开中性点接地。

（4）充电前应仔细检查充电侧母线电压，保证充电后各侧电压不超过限额。检查主变压器相应保护正确投入，且无异常动作信号。

（5）变压器充电后，检查变压器无异常声音，遥测、遥信指示应正常，开关位置指示及信号应正常，无异常告警信号。

（6）110kV及以上变压器处于热备用状态时，其中性点接地开关应合上。

6.1.3 线路操作规定

1．线路操作的基本原则

（1）线路停电操作应先断开线路断路器，然后拉开负荷侧隔离开关，最后拉开电源侧隔离开关。送电时顺序相反。

（2）双母线的设备停电操作时，应把需检查的“隔离开关项目”放在一次回路的操作之前进行，再断开断路器，后拉开线路侧隔离开关，最后拉开母线侧隔离开关。送电时顺序相反。

（3）线路两侧纵联保护，保护通道应同时投入或退出，后备保护可单独投退。

（4）新建或改建的线路，冲击合闸后必须进行相序、相位核对工作，核对无误后方可继续进行其他操作。

2. 线路操作对电压互感器的要求

线路电压互感器停送电应与线路一同停送电；电压互感器二次侧操作应在线路转冷备用之后操作。送电时顺序相反。

6.1.4 母线操作规定

1. 母线停送电操作规定

（1）母线停电时，若有站用变压器接于停电母线上，应先做好站用系统运行方式的调整。

（2）停母线前先进行倒母线操作，在断开母联断路器前，应检查停电母线上所连所有隔离开关均已断开，并检查母联断路器电流指示为零。

（3）进行母线全停操作，母线上连接的各单元之间的操作顺序，应按照对侧无电源的直配线单元、变压器单元、对侧有电源的线路单元的顺序依次操作。送电时顺序相反。至于同类单元之间的顺序可按照操作线路最短的原则安排。为缩短操作时间，允许对断路器集中操作，但检查断路器在“分”的项目不允许集中进行。

（4）母线停电或母线电压互感器停电时，应采取措施防止电压互感器反送电和保护及安全自动装置因失去电压而误动作。

（5）双母线接线停用一段母线时，拉开母联断路器前，应先断开该母线电压互感器二次侧全部自动空气开关，再断开母联断路器，最后拉开电压互感器隔离开关。

（6）母线充电前，应检查母线保护已正确投入。

（7）用母联断路器向母线充电时，应在充电前投入母联充电保护或启用母差充电保护，充电正常后退出。

2. 倒母线操作要求

（1）倒母线前，应根据母差保护配置及装置型号，投入母差保护互联压板；母联断路器应在合闸位置，断开母联断路器控制或分闸电源，然后按“先合后拉”的原则进行操作。

（2）倒母线操作后应检查电压切换正常。出现位置不一致告警时，应再次检查隔离开关实际位置是否分合闸到位。

（3）母线倒闸操作时，应考虑对母差保护的影响和二次回路相应的切换、母线电源及负荷分布是否合理，避免在母差保护退出的情况下进行倒母线操作。

（4）倒母线操作前应先投入母线互联压板，然后断开母联断路器操作电源，倒母线完毕后应检查电压切换正常，母差及失灵保护隔离开关辅助触点位置与一次设备状态对应，母差、失灵保护无异常告警信号，再合上母联断路器操作电源并退出母线互联压板。

（5）双母线分段接线方式倒母线时，应逐段进行。一段操作完毕，再进行另一段的倒母线操作。不得将与操作无关的母联、分段断路器改非自动。

（6）倒母线操作中，“切换继电器同时动作”信号不能复归时不得断开母联断路器，严防电压互感器二次回路反送电。

6.1.5 断路器操作规定

1．断路器操作要求

（1）就地操作断路器时，操作控制断路器，不得用力过猛或操作过快，以免合闸失败。

（2）根据断路器机械指示位置、遥信指示和“红、绿灯”指示，检查判断断路器触头的实际位置与外部指示应一致。断路器合闸前，应确认继电保护已按规定投入，并检查储能正常。

（3）断路器合闸送电或跳闸后试送，人员应远离断路器本体，以免因带故障合闸造成断路器损坏，发生意外。

（4）SF_6断路器发生漏气时（在电弧作用下，SF_6气体将生成有毒的分解物），操作人员应远离断路器本体，以免中毒。在室外，至少应离开漏气点10m以上，站在上风口，并佩戴防毒面具；在室内，应立即撤离至室外，并开启全部通风设备。

2．断路器操作技术规定

（1）远方合闸的断路器，不允许带工作电压手动合闸，以免合入故障回路使断路器损坏或引起爆炸。

（2）断路器进行并网操作中，若因机构原因造成一相或两相未合上，都应立即断开该断路器。

（3）断路器经断、合后，应到现场检查其实际位置，防止传动机构开焊，绝缘拉杆折断（脱落），回路实际未断开或未合上。

（4）对液压传动的断路器，停电后如油系统不正常，应及时查明原因并进行处理。处理时，要注意防止断路器发生“慢分”现象。

（5）对弹簧储能机构的断路器，停电后应及时释放机构中的能量，以免检修时发生人身事故。

（6）断路器故障跳闸累计次数达到厂家规定次数时，应进行检修。禁止将超过开断次数的断路器继续投入运行。

（7）检修后的断路器，应保持在断开位置，以免送电时隔离开关带负荷合闸。

（8）检修后的断路器，在投运前应检查各项指标是否符合规定要求，禁止将修、试后不合格的断路器投入运行。

（9）电力系统运行方式改变时，应校核相关断路器安装处的开断容量是否满足要求。

（10）3/2接线的断路器操作顺序。

1）线路（或变压器）停电操作时，先断开中间断路器，后断开母线侧断路器；拉开隔离开关时，由负荷侧逐步拉向母线侧。送电时操作顺序相反。合环操作一般用中间断路器进行。之所以要遵循一定顺序，主要是为了防止停、送电时发生故障，导致同串的线路或变压器停电。线路（或变压器）停电，断开中间断路器后，操作母线侧断路器时，若相应线路故障，而母线侧断路器又因为某些原因拒动，此时母线侧断路器的失灵保护会启动母差，此时会造成母线停电但不影响线路送电；若先操作母线侧断路器，再操作中间断路器时，相应线路（或变压器）故障，而中间断路器又因为某些原因拒动，此时中间断路器的失灵保护会启动，跳相邻断路器，并发远跳信号跳对侧断路器，使得同串的另一条线路（或变压器）停电，扩大事故。由于中间断路器为两条线路（或线变串）共用，跳闸概率要多于母线侧断路器，为了减少中间断路器的跳闸次数，延长中间断路器的检修周期，停电时应先断开中间断路器。此时如果两条线路（或变压器）故障跳闸，只需跳开母线侧断路器。

2）在超高压电网中，为了降低线路电容效应引起的工频电压升高，在线路上并联电抗器，电抗器一般不装断路器。线路并联电抗器的停、送电操作，应在线路无电压时，才能拉开或合上电抗器隔离开关。线路运行时，电抗器一般不退出运行，当需要退出电抗器时，应经过计算，电抗器退出后，线路运行时的工频电压升高不能超过允许值。

3）断路器停电后应停用相关失灵保护，线路接地前，应断开线路电容式电压互感器（CVT）二次断路器。

4）中间或母线断路器停电时，应将“稳定控制屏”断路器的位置切换把手切至“中间断路器检修”或“母线断路器检修”位置。恢复送电后，将该把手切回“正常”位置。

5）中间或母线断路器停电时，应将“线路保护屏”断路器的位置切换把手切至“中间断路器检修”或“母线断路器检修”位置。恢复送电后，将该把手切回“正常”位置。

6）母线断路器停电时，应投入本串中间断路器“投先重合闸压板”，停用该母线断路器“投先重合闸压板”。若为“线线串”时，还要停用另一母线断路器“投先重合闸压板”，恢复送电后，切回原“重合闸”方式。

（11）手车开关的操作步骤及要求。

1）工作位置：手车开关的上、下触头均插入开关柜体内的静触头，并接触良好。

2）试验位置：手车开关的上、下触头离开开关柜体内的静触头一定距离，并在轨道规定位置进行闭锁。二次航空插头插上，合上操作电源。断路器可以进行合闸、分闸操作；断路器与一次设备没有联系，可以进行各项操作试验。

3）检修位置：手车开关从中置柜移到检修平台；手车开关与一次设备（母线）没有联系，断开操作电源（二次航空插头已经拔下），可以对手车开关进行检修，还应将开关柜柜门锁上。

4）运行状态：手车开关在工作位置，断路器在合闸位置。

5）热备用状态：手车开关在工作位置，断路器在分闸位置。

6）冷备用状态：手车开关在试验位置，断路器在分闸位置。

7）检修状态：手车开关在检修位置，断路器在分闸位置。

8）线路检修状态：手车开关在试验位置，断路器在分闸位置，线路侧接地开关合入。

9）手车开关及线路检修状态：手车开关在检修位置，断路器在分闸位置，线路侧接地开关在合闸位置。

10）防止手车开关误操作的联锁装置。手车开关从工作位置摇至检修/试验位置后，隔离挡板将断路器的静触头盒隔离，防止误入带电隔室。断路器处于合闸状态时，手车不能从工作位置摇至试验位置或从试验位置摇至工作位置。手车开关处于工作位置时，柜门闭锁，无法打开，只有在实验位置时才能被操作。接地开关仅在手车开关处于试验位置及柜外时才能被操作，当接地开关处于合闸状态时，手车开关不能从检修/试验位置摇至工作位置。手车开关的机械闭锁应灵活、可靠，防止带负荷摇出或摇入引起短路。

11）手车开关、线路检修完毕恢复送电前，应检查送电回路无短路线，包括检修人员布置的短路试验线。

12）手车开关在推入试验位置前应检查断路器在断开位置。

13）手车开关推入试验位置后，应先插入二次航空插头，再投入控制、合闸、保护电源；在摇入运行位置前应确认保护正确投入。

14）手车开关在拉出或推入过程中出现卡滞，应检查原因，严禁蛮力操作以防止损坏手车部件。

15）手车开关摇入运行位置后，有条件的可通过观察孔观察插头插入位置，确保手车插头插入良好；无条件时通过遥信信号判断。

16）操作手车开关时，应将该手车开关的“远方/就地”切换开关切至“就地”位置，以防止在操作手车开关时监控人员误将断路器合闸导致带负荷拉、合隔离开关。

17）中置柜没有传统意义上隔离开关的概念，手车开关在试验位置时，就相当于传统的隔离开关断开，即断路器与主电路（一次母线）有了明显断开点。手车在检修位置时，已经和运行设备分开，手车位于检修平台上，所以不需要挂接地线。

6.1.6 隔离开关操作规定

1. 隔离开关操作要求

（1）在手动合隔离开关时必须迅速果断，以操作正确性为主，但在合到底时不能用力过猛，以防损坏支柱绝缘子。即使误合后造成接地或短路也不得再拉开，防止带负荷拉开隔离开关扩大事故，这时只能用断路器切断该回路后，才允许将误合的隔离开关拉开。

（2）隔离开关操作后，必须检查实际位置，合上时逐相检查三相刀口接触良好，拉开时三相角度符合要求。防止由于操动机构发生故障或调整不当，出现操作后未全拉开或未全合上的不一致现象。

2. 隔离开关操作技术规定

（1）分相隔离开关，分闸操作时先拉中相，后拉边相，合闸操作顺序相反。

（2）拉、合隔离开关时，开关必须在断开位置，并经核对编号无误后，方可操作。

（3）远方操作的隔离开关不得在带电情况下就地手动操作，以免失去电气闭锁，或因分相操作引起非对称开断，影响相关设备继电保护的正常运行。

（4）隔离开关操作后，应到现场检查其实际位置，以免传动机构或控制回路（指远方操作）有故障，出现拒分或拒合。

（5）隔离开关操作后必须检查隔离开关操动机构的定位销是否到位，防止滑脱。

（6）已装电气闭锁装置的隔离开关，禁止随意解锁操作。

（7）检修后的隔离开关，应保持在拉开位置，以免送电时接通检修回路的接地线或接地开关，引起误操作。

（8）操作顺序。

1）拉、合隔离开关的操作必须在与该隔离开关串联的断路器断开，并检查在“分”位置之后进行。

2）隔离开关操作的原则是：先合电源侧隔离开关，后合负荷侧隔离开关；先拉负荷侧隔离开关，后拉电源侧隔离开关。一般应视母线为电源侧，只有当母线初充电时，才视为负荷侧。

3）3/2 接线的隔离开关停电的操作顺序：线路（或变压器）停电在拉开断路器后，先拉线路（或变压器）侧隔离开关，后拉电源侧隔离开关，送电时顺序相反。

（9）允许用隔离开关进行的操作。

1）拉、合无故障的电压互感器和避雷器。

2）拉、合变压器中性点的接地开关，但当中性点接有消弧线圈时，只有在系统没有接地故障时才允许操作。

3）拉、合断路器的旁路电流。

4）在既有断路器，又有隔离开关的回路中，正常情况下必须用断路器来完成拉、合电路的任务。

（10）禁止用隔离开关进行的操作。

1）当断路器在合入时，用隔离开关接通或断开负荷电流。

2）系统发生单相接地时，用隔离开关断开故障点的接地电流。

3）拉、合规程允许操作范围以外的变压器环路或系统环路。

4）用隔离开关将带负荷的电抗器短接或解除短接。

5）在双母线中，当母联断路器断开分段运行时，用母线隔离开关将电压不相等的两母线系统并列或解列，即用母线隔离开关拉、合母线系统的环路。

6.1.7 电压互感器操作规定

1. 电压互感器操作原则及要求

（1）电压互感器检修时，必须从高、低压侧分别断开电压互感器，防止反送电。

（2）电压互感器退出时，应先断开二次侧自动空气开关，后拉开高压侧隔离开关；投入时顺序相反。

（3）电压互感器停用前须先退出因失压而可能误动的保护和自动装置（距离保护、高频保护、低电压保护等）。

（4）高压侧装有熔断器的电压互感器，其高压熔断器必须在停电并采取安全措施后才能取下、装上。

（5）电压互感器故障时，严禁两台电压互感器二次并列。如需操作，应先拉开故障电压互感器二次侧全部自动空气开关，并解开故障电压互感器二次开口三角电压回路。在两组电压互感器的并列操作中，必须是高压侧先并列（即母线并列连接），然后二次侧才允许并列。

（6）双母线接线方式，当一条母线的电压互感器退出运行时，应采取措施禁止母联断路器分闸，或将所有运行元件倒至运行电压互感器所在母线。

（7）电压互感器二次侧严禁短路和接地。

2. 电压互感器二次并列操作

（1）检查母联断路器在运行状态。

（2）合上电压互感器二次侧并列开关。

（3）拉开停用电压互感器二次侧自动空气开关。

（4）拉开停用电压互感器高压侧隔离开关。

（5）合上停用电压互感器的接地开关或装设接地线。

（6）根据工作票要求做好安全措施。

（7）电压互感器送电操作程序与停电操作程序相反。

6.1.8 SVG操作规定

1. SVG操作原则及要求

（1）操作顺序，先给二次控制系统上电，控制系统根据检测到的各种状态量判断系统状态，若装置正常，则就绪指示灯点亮。只有在装置就绪的情况下才可以上电运行。

（2）动态无功补偿装置为高压设备，操作时严格遵守现场操作规程。

（3）动态无功补偿装置中的有关参数出厂时已经设置完毕，如果对装置和负荷系统没有足够的了解，严禁随意更改参数。

（4）正常运行时，严禁随意按动键盘或者操作按钮，否则会引起系统误动。

2. 安全注意事项

动态无功补偿装置操作使用时必须严格遵守相关的操作规程，任何错误的操作方法都可能导致人员伤害和设备损害。

（1）动态无功补偿装置的操作维护人员必须经过专门培训取得电气设备操作使用合格证。

（2）动态无功补偿装置的功率柜、连接电抗器柜、隔离开关柜均属高压危险区域，在高压通电的情况下禁止打开柜门进行作业。

（3）控制柜与其他柜体采用光纤隔离技术，不存在高电压，但存在380V交流电，因此也必须是经过培训并对设备熟悉的人员方能进行操作。

（4）必须按照高压设备的安装操作维护规程及设备说明书进行各项操作。

（5）其他重要注意事项。

1）系统电压应在额定范围之内。

2）停送电顺序应遵循启机时先开控制电再送高压电，关机时先断高压电后断控制电。

3）运行中应随时监视运行情况，不正常时应及时停机。

4）应保证室内良好通风，维持环境温度在0~40℃范围内。

6.2 事故处置

6.2.1 总则

各级调度机构值班调度员在值班期间为电网事故处理的指挥者，各级调度机构按调度管辖范围划分事故处理权限和责任，新能源场站运行值班人员必须严格遵守调度规程、现场运行规程，服从相应调度机构值班调度员指挥，正确执行调度指令，新能源场站自行调度管辖设备按照现场运行规程进行处置，事后及时汇报相应调度机构。发生事故时，新能源场站运行人员应向上级调度机构汇报故障情况，并按照调度指令处理。

1. 事故处理基本要求

（1）在接到相应调度机构通知事故发生后，新能源场站值班人员在查明情况后，应尽快详细汇报。汇报内容应包括事故发生的时间、现象、着火范围及火灾情况、断路器跳闸情况、继电保护动作情况及电压、出力的变化等。

（2）如果危及人身和设备的安全，应立即停止故障设备运行。

（3）在处理事故时，应根据现场情况和有关规程规定采取必要的安全措施，对未造成事故的设备进行必要的安全隔离，保持其正常运行，防止事故扩大。

（4）在处理事故过程中，首先应保证站用电的安全运行和正常供电，当系统或有关设备事故和异常运行造成站用电停电时，应首先处理和恢复站用系统的供电。

（5）对人身和设备安全有威胁的设备停电，为防止事故扩大，值班人员可不待相应调度机构指令，自行进行紧急操作调度机构调度管辖设备。除以上情况外，其他属于调度机构调度管辖一、二次设备的操作均应按照调度指令进行。

（6）为了防止事故扩大，在事故处理过程中，值班人员应与相应调度机构保持联系，主动将事故处理的进展及突发异常情况及时汇报相应调度机构。

（7）当事故原因未查明，需要专业人员进一步试验或检查时，场站值班人员应尽量保持事故现场，以便专业人员进一步分析。

（8）事故处理完毕后，应将事故情况详细记录，并按规定报告相应调度机构。

（9）设备事故跳闸后，在未确认保护动作是否正常、设备故障原因与故障点未查明、事故未排除前不能盲目试送跳闸设备。

2. 事故处理注意事项

（1）检查继电保护及安全自动装置的动作信息，便于准确分析和判断事故的范围和性质。

（2）为准确分析事故原因和查找故障，在不影响事故处理和停送电的情况下，尽可能保留事故现场和故障设备的原状。

（3）发生越级跳闸事故时，要及时拒分断路器两侧隔离开关。

（4）加强监视故障后相关线路、变压器的负荷、机组出力等状况，防止因故障造成其他正常设备长期过负荷运行。

（5）事故时加强站用系统、直流系统的巡视。

3. 事故处理现场组织原则

（1）新能源场站运行人员是现场事故、异常处理的负责人，应对汇报信息和事故操作处理的正确性负责。

（2）事故发生在交接班期间，应由交班人员负责处理事故，直到事故处理完毕或事故处理告一段落，方可交接班。接班人员根据交班人员的请求协助处理事故。交接班完毕后，交班人员也可根据接班人员的请求协助处理事故。

（3）发生事故时，凡与处理事故无关的人员，禁止进入发生事故的地点，非直接参加处理事故的人员不得进入控制室，更不得占用通信电话。

4．事故处理一般流程

（1）第一次汇报。发生事故，新能源场站运行值班人员发现故障或者接到相应调度机构电话通知后，应立即查看监控后台断路器跳闸、所发信号、出力受损、主要保护动作情况，进行初步故障定性，简要汇报调度机构。汇报主要内容包括跳闸时间（详细到分、秒）、故障设备（线路）双重名称、相关设备的潮流、保护动作、断路器跳闸、自动装置动作等情况。

（2）现场详细检查并记录保护范围内所有一次设备、各类继电保护及安全自动装置的动作情况，打印保护动作报告、故障录波报告。

（3）恢复事故音响、解除闪光、复归信号。

（4）第二次汇报。根据监控后台光子、报文、现场事故象征、故障录波、继电保护及安全自动化装置动作报告，综合分析判断故障范围、故障类型和故障距离。将检查结果汇总后汇报调度机构。

（5）按照调度指令及现场运行规程，隔离故障点，恢复无故障设备的运行，对损坏的设备做好安全措施。

（6）开展事故抢修工作。

（7）抢修工作结束后，组织验收，编制事故报告、验收结论。

（8）事故报告报调度机构审核，会签、履行送电流程。

（9）送电流程履行完毕后，向相应调度机构值班调度员申请送电。

（10）根据调度指令恢复相关设备送电。

6.2.2 系统电压异常处置

1．变电站电压异常

（1）电网正常运行时的电压偏离是在电网实际运行时，由于有功和无功功率变化、用电负荷增减、系统接线方式异常等原因，均会造成母线电压脱离电压限值。非设备故障原因，一般情况根据运行特点每季度都有各级母线电压曲线，新能源场站人员应对照电压曲线，通过调整无功补偿设备保证电压在合格的范围。除此之外，投退联电容器、消弧线圈、空载变压器或线路等日常操作，也可能会出现操作过电压。

（2）设备故障造成新能源场站电压异常一般有单相接地、断线、电压互感器熔丝熔断、谐振等。

2. 电压异常处理方法

（1）正常运行时的电压偏离可增减无功功率，投退电容器组、电抗器组或停启机组；改变有功和无功功率的重新分布，调整变压器分接头；通过SVG系统对无功电压进行智能控制。

（2）投退并联电容器、消弧线圈、空载变压器或线路等操作，可能会出现操作过电压。这种内部操作过电压持续时间一般很短，值班人员可通过操作措施防患于未然。当电容器所在母线电压达规定值的1.1倍时，应退出电容器；当电容器与接地变压器（消弧线圈）同时运行于同一系统时，要注意两者之间的配合及线路电容电流的影响，不得造成系统谐振；当对空母线送电时，有可能出现母线三相电压指示不正常并发母线接地信号，而当机组并网后即可恢复正常；中性点经消弧线圈接地的变压器，在倒换过程中，消弧线圈不能同时运行于两台主变压器的中性点上。

（3）因故障造成系统电压越过电压稳定极限值时，除正常运行时电压偏离的处理措施外，具体故障还应具体讨论分析。为了在系统发生电压异常时能够明确区分故障类型，及时处理，保障电网安全运行，现以常见异常或故障情况下系统的不同特征进行分析处理。新能源场站发生单相接地时，要求能实现快速跳闸功能，此处不再介绍。

如果发生单相断线，则故障相电压升高，不超过1.5倍的相电压，非故障两相电压降低且相等，不低于86%的相电压。此时电压互感器开口三角两端出现低于100V电压，电压继电器动作，发接地告警信号。如果发生两相断线，则故障相电压升高，不超过线电压，非故障相电压降低但不为0V。此时电压互感器开口三角两端出现低于100V电压，电压继电器动作，发接地告警信号。

当变电站智能监控系统发“接地”信号时，应先判明是否真实断线，检查设备运行情况及相关遥测是否有明显异常；利用母线分段，将并列的母线分割成电气上不相连的几部分，以确定故障母线；用试拉汇集线的方式查找断线线路；检查连接在母线上的配电装置（避雷器、互感器、电容器）。

电压互感器高压侧出现熔断器熔断，此时故障相为0V或电压指示接近0V，这是由于此相电压在二次回路中经互感器绕组和其他两相电压表成串联回路，会出现较小的电压指示，但不是该相实际电压值，非故障相电压为相电压，电压互感器开口三角处两端有35V左右电压，电压继电器动作，发接地告警信号。电压互感器低压侧出现熔断器熔断时，除相电压同样现象外，电压互感器开口三角处电压值较小。如果并列时另一母线也出现同样电压指示反映，则可排除电压互感器高低压熔丝熔断问题；而当另一母线电压指示不同，不发接地信号时，则可能是电压互感器高低压熔丝熔断问题。检查电压互感器高低压熔丝是否熔断，如有则进行更换，电压异常现象应消失。

谐振过电压常表现为：三个相电压表发生剧烈摆动，有时出现一相降低、两相升高，有时出现三相同时升高，线电压表也发生指示升高；发生谐振的母线电压互感器有响声；电压互感器可能出现高压熔断器熔断或烧毁；可能产生高值零序电压分量，出现虚幻接地现象和不正确的接地信号。谐振过电压的处理措施有：合上或断开母联断路器以及改变系统运行方式；合解环、断合某些线路或投退电容器、电抗器等以改变电气参数；当空母线带有电感型电压互感器，充空母线操作产生谐振时，应迅速投入出线或并列母线以改变参数，消除母线谐振；操作中合上断路器导致谐振，应不待调令立即断开该断路器；为了防止谐振，可在电压互感器开口三角形绕组中接入阻尼电阻，或在电压互感器一次绕组的中性点对地接入电阻。

6.2.3 变压器故障处置

1. 差动保护动作处理

（1）差动保护动作，变压器跳闸后油泵不应立即停止运行。

（2）差动保护动作跳闸的同时，若瓦斯保护也动作，则即使是只发轻瓦斯保护动作信号，变压器内部故障的可能性也极大，未经试验合格，不得投入运行。

（3）若外部检查发现有明显的故障现象，则属于差动保护正确动作，应立即隔离故障变压器，做好安全措施，进一步查明故障原因，未经试验合格，不得投入运行。

（4）若二次回路有人工作，应立即停止工作，查明是否由于二次回路工作引起差动保护误动。

（5）若检查变压器确无明显故障现象，且故障录波器也未动作，则有可能是差动保护误动作，在未查明误动原因前不得试送主变压器。

2. 重瓦斯保护动作处理

（1）检查气体继电器内有无气体，安全气道保护膜是否破裂和喷油，压力释放阀是否动作。

（2）检查变压器本体及有载分接开关油位是否正常。

（3）检查变压器外壳是否膨胀、变形，各焊接缝是否开裂和喷油。

（4）变压器本体重瓦斯保护跳闸后，应立即停止油泵运行。

（5）若未发现任何异常，且判明确系二次回路故障引起的误动作，可在差动、过电流保护均投运的情况下，将重瓦斯保护退出后投运变压器。

（6）经检查变压器内部无故障，而是因穿越性故障引起重瓦斯保护动作跳闸时，经检查试验变压器无异常后，可以试送变压器。

（7）若因地震等明显原因使重瓦斯保护动作跳闸时，经检查变压器无异常后，可以试送变压器。

（8）变压器重瓦斯保护动作跳闸，应收集的气体确认可燃，不论情况如何，必须经内部检验并进行油色谱分析。故障原因不明，不得试送变压器。

3. 后备保护动作跳闸的处理

（1）应根据保护动作、信号、仪表指示和外部现象（如外部短路、变压器过负荷等），具体分析变压器跳闸原因，做出相应的处理。

（2）越级造成变压器跳闸的在隔离故障点后逐级恢复送电。

（3）变压器高压后备保护动作，应对变压器进行检查试验，在未查明故障并消除之前不得试送电。而明显由人员误碰或保护误动造成变压器跳闸的，可根据调度指令立即恢复变压器送电（保护误动的可先停用误动保护）。

4. 主变压器冷却器全停

（1）发生主变压器风冷全停时，首先应退出冷却器全停跳闸压板，并监控主变压器温度及负荷变化情况。

（2）发生事故后，应立即到现场对主变压器风冷系统进行检查，检查有无冒烟、着火现象，若着火，应立即采取灭火措施，并尽快恢复主变压器冷却器的运行。检查冷却控制箱内两路电源，若由于冷却器电源自动切换回路故障造成全停，则手动切换工作电源，尽快恢复冷却器的运行。若检查冷却器电源正常时，再检查PLC控制系统运行是否正常，如有故障，重启PLC控制系统后冷却器仍然未恢复，则将冷却器切换把手由“自动”切至“手动”位置。检查工作电源是否缺相，若冷却装置仍运行在缺相的电源中，则应断开缺相电源。检查冷却器控制箱各负荷开关、接触器、熔断器、热继电器等工作状态是否正常，若有短路故障，应立即处理。

（3）若是由于站用系统失电引起的，应先切换站用负荷，再检查电源消失原因，尽快恢复站用系统供电。

（4）在故障处理期间，应加强变压器负荷、温度监视，必要时汇报相应调度机构，申请停运主变压器。

（5）变压器冷却器全停的运行时间不得超过现场运行规程中的规定值。

5. 变压器着火

（1）现场检查变压器有无着火、爆炸、喷油、漏油等。

（2）检查变压器各侧断路器是否断开，相关继电保护是否正确动作。检查变压器灭火装置正常启动。

（3）变压器保护未动作或者断路器未跳开时，应立即断开变压器各侧断路器及隔离开关和冷却器交流电源，迅速采取灭火措施，防止火灾蔓延。

（4）若油溢在变压器顶盖上着火时，则应立即打开下部阀门放油至适当油位；若变压器内部故障引起着火时，则不能放油，以防变压器发生严重爆炸。

（5）灭火后立即检查直流电源系统和站用系统是否运行正常。

（6）按照调度指令调整变压器中性点运行方式。

（7）检查运行变压器是否过负荷，根据主变压器负荷情况投入冷却器。若变压器过负荷运行，应控制新能源机组出力，直至主变压器过负荷消失。

（8）检查故障发生时现场是否存在引起主变压器着火的检修作业。

（9）记录保护动作时间及一、二次设备检查结果并汇报相应调度机构。

（10）变压器着火时应立即汇报调度机构并及时报警。

6.2.4 线路故障处置

1. 线路故障跳闸现象

（1）事故报警、监控后台主接线图断路器标志显示在断开位置并闪烁。

（2）故障线路电流、功率瞬间为零，继而又恢复数值。

（3）监控后台机出现告警窗口，显示故障线路某种动作保护、重合闸动作、故障录波器动作等信息。故障线路保护屏显示保护及重合闸动作信息（信号灯亮）。

2. 线路故障处理

（1）检查故障线路一次设备、继电保护和安全自动装置动作情况，分析判断事故原因，汇报调度机构。

（2）汇集线路跳闸，检查站内相关设备无异常，对故障线路进行巡视检查，未查明故障原因不得对汇集线路送电。

（3）并网线路故障跳闸，造成升压站全停或部分停电，则不待调令将失压设备转热备用。

（4）线路故障跳闸，查明故障原因后隔离故障，汇报相应调度机构，并组织线路事故抢修。

6.2.5 母线故障处置

1. 母线故障现象

（1）事故报警、警铃鸣响，监控后台显示接于母线的电源线路或主变压器断路器显示在断开位置并闪烁。

（2）连接于失电母线上的主变压器或线路保护动作。

（3）故障母线电压为零，连接于母线上的各线路、母联断路器、变压器本侧电流和功率为零。

（4）母线发生短路故障时，系统出现强烈冲击，短路现场发出类似爆炸的声响，看到火光、冒烟等。

2. 母线故障处理原则

当母线故障停电后，应立即对停电的母线进行外部检查，把检查情况汇报相应调度机构，并应按下述原则进行处理：

（1）找到故障点并迅速隔离，在隔离故障后依据调度指令恢复无故障设备。找到故障点但不能很快隔离时，应将母线进行停电处理。

（2）经过检查不能找到故障点时，应将母线转检修，找到故障点后隔离处理。

（3）如有工作现场，应立即对现场进行检查，检查工作现场有无因人为原因引起的跳闸。

（4）不允许对故障母线不经检查即强行送电。

6.2.6 断路器故障处置

1. 断路器拒合处理

断路器拒合主要可以分为电气故障和机械故障两方面原因。电气方面故障主要有控制电源电压过低或消失；就地控制箱内控制、储能电源开关跳闸；断路器合闸闭锁动作且未复归（SF_6压力降低、弹簧未储能）；断路器操作控制箱内“远方/就地”切换把手未切换至“远方”位置；控制回路断线，如继电器故障、合闸线圈烧坏、接线松动脱落、触点接触不良等。机械方面故障主要有合闸线圈合闸铁芯卡涩；断路器分闸不到位；机构脱扣；合闸弹簧未储能；操动机构卡死、轴销脱落；传动机构故障，如连杆松动脱落、断裂等。

断路器拒合时，可再执行一次合闸操作命令，确认操作无误；检查有无异常信号发出；检查各级自动空气开关是否合上、储能是否正常、转换开关是否正确、电源是否正常、继电器是否动作；根据各可能原因，检查电气回路是否存在故障；经过检查，如果电气回路正常，断路器仍不能合闸，则说明机械方面故障。

2. 断路器拒分处理

断路器拒分主要可以分为电气故障和机械两方面原因。电气方面故障主要有控制电源电压过低或消失；就地控制箱内控制、储能电源小开关跳闸；断路器合闸闭锁动作（SF_6压力降低、弹簧未储能），信号未复归；断路器操作控制箱内“远方/就地”切换把手未切换至“远方”位置；控制回路断线，如继电器故障、分闸线圈烧坏、接线松动脱落、触点接触不良等。机械方面故障主要有传动机构故障，如连杆松动脱落、断裂等；分闸线圈分闸铁芯卡涩；分闸弹簧故障；操动机构故障，如轴销脱落；转换开关、操作把手故障，如卡涩、卡死等。

断路器拒分时，可再执行一次分闸操作命令，确认操作无误；检查有无异常信号发出；检查各级自动空气开关是否合上、储能是否正常、转换开关是否正确、电源是否正常、继电器是否动作；根据各可能原因，检查电气回路是否存在故障；经过检查，如果电气回路正常，断路器仍不能分闸，则说明为机械方面故障。

3. 断路器SF_6气体压力降低处理

断路器SF_6气体压力降低的主要原因有瓷套与法兰胶合处胶合不良，存在泄漏；瓷套的胶垫连接处，胶垫老化或位置未放正，存在漏气；管路接头处及阀门处固定不紧或有杂物；压力表特别是接头处密封垫损伤。

断路器SF_6气体压力降低的处理：若由于环境温度降低，表计压力下降，可适量进行补气处理；若短时间内连续出现SF_6气体压力下降，应进行检漏检查；运行中SF_6设备存在微量泄漏，发出告警信号，未降到闭锁操作压力值时，在保证安全的情况下，可以用合格的SF_6气体进行补气处理，结合停电计划进行处理；运行中SF_6气压值降到闭锁操作压力值或者直接降至零值时，应立即拉开断路器操作电源，严禁操作断路器，将故障断路器隔离，停电检修。

4. 断路器弹簧机构操动未储能异常处理

弹簧储能操动机构的断路器在运行中，发出弹簧机构未储能信号时，应立即检查处理。检查交流回路及电动机是否有故障，电动机有故障时，应用手动方式将弹簧储能；交流电动机无故障且弹簧已储能，应检查二次回路是否误发信号；若检查发现弹簧存在故障，应停电处理。

5. 分合闸线圈故障处理

合闸操作或继电保护自动装置动作后，出现分合闸线圈严重过热或冒烟，可能是分合闸线圈长时间带电所造成的，应立即断开控制电源，以防分、合闸线圈烧坏。合闸线圈烧毁原因有合闸接触器本身卡涩或触点黏连；操作把手的合闸触点断不开；重合闸装置辅助触点黏连；防跳跃闭锁继电器失灵；断路器辅助触点打不开。断路器分闸线圈烧毁原因有分闸线圈内部匝间短路；断路器跳闸后，机械辅助触点打不开，使分闸线圈长时间带电。

对分合闸线圈外观进行检查，并测量线圈电阻值，确定线圈烧损后，进行更换处理。

6. 断路器回路电阻超标处理

断路器回路电阻超标的主要原因为导电回路接触不良，如接线板表面氧化严重、螺栓松动压接力不足、手车开关梅花触指压力不足、动静触头接触面氧化或烧蚀等。

对于回路电阻超标故障，应通过回路电阻测试仪检查异常部位，并采取相应措施处理。接线板表面氧化造成的回路电阻超标，应对氧化层进行清理，并重新涂抹导电膏、安装接线板；螺栓松动造成的回路电阻超标，应重新进行紧固；梅花触指压力不足的缺陷，可更换拉簧。回路电阻超标缺陷，处理前后应测量回路电阻值并记录比较。

7. SF_6断路器气体微水超标处理

SF_6断路器气体含水量超标的可能原因有环境温度过高、干燥剂失效、存在漏点等。检测SF_6断路器气体微水含量，应记录环境温度，若环境温度过高造成测试值偏大，应选择环境温度较好的天气复测，无异常则检测合格，否则应查明原因。若干燥剂失效，应更换干燥剂，抽真空，注入合格的SF_6新气，并经试验合格；若存在漏点，应采用检漏仪进行检测，查明泄漏部位后停电处理。

6.2.7 互感器异常处置

互感器进水受潮的主要现象为绕组绝缘电阻下降，介质损耗因数增大，以及绝缘油中微水含量超标。互感器进水受潮的主要原因有密封不良，造成绝缘受潮，多数伴有渗油或缺油现象；施工工艺不当，补油作业中带入水分等。对于密封不良的互感器，应停电后对密封件进行检查处理，并根据受潮程度，采取真空热油循环干燥处理或真空干燥处理。

绝缘油油质不良主要现象为绝缘油介质损耗因数超标，含水量增大，绝缘油分析不合格。主要原因是油品把关不严，加入了劣质绝缘油；或者在补油工作中，未进行混油试验。对于绝缘油油质不良，可以采取更换绝缘油或者净化处理的措施恢复绝缘油的品质。

绝缘油色谱分析不合格主要表现特征为色谱分析的特征气体含量不合格，超过注意值，如乙炔超标等。对于绝缘油色谱分析不合格的互感器，应重点关注，采用三比值法分析判断缺陷性质，并采取相应措施进行处理。如乙炔含量严重超标且有明显增长趋势，应立即安排停电检修。

电压互感器电压异常，电容式电压互感器二次电压降低，主要原因有一、二次熔断器熔断或自动空气开关跳开，二次连接不良，电磁单元故障，电容单元C2损坏，单相接地等。电磁式电压互感器二次电压明显降低，主要原因有铁芯过饱和受损、下节绝缘支架放电击穿、下节一次绕组匝间短路。倒闸操作中出现切换电压异常或电压切换灯未亮，主要原因有电压切换回路辅助触点和电压切换开关接触不良。二次电压降低但不为零，正常相电压不变，应在电压互感器端子箱处测量电压互感器二次侧自动空气开关（熔断器）上、下桩头电压，若上桩头电压异常，可判断为一次熔断器熔断、电磁单元故障、电容单元C2损坏造成，应立即将电压互感器退出运行，停电检查处理；若上、下桩头间存在压差，可试合一、二次自动空气开关，仍无法恢复，需更换自动空气开关或熔断器；若下桩头电压正常，则可判断为二次回路有松动，申请退出可能造成误动的保护，应逐级检查二次回路故障点，对于无法恢复的，应停电处理。二次电压降低为零，正常相电压不变，可能为二次熔断器熔断、二次连接不良造成。应检查二次侧自动空气开关是否跳开，检查相应电压回路接线是否松动，并进行处理。一相电压降低或为零，另两相电压升高或升高为线电压，此现象为中性点不接地系统中单相接地故障的表现，应立即检查现场有无接地、电压互感器有无异常声响，并采取措施将其消除或隔离故障点。倒闸操作中出现电压切换不到位，操作人员应立即停止操作，检查隔离开关辅助触点切换是否到位，若属隔离开关辅助触点切换不到位，可在现场处理隔离开关限位触点；若属隔离开关本身辅助触点行程问题，应对辅助触点进行调整或更换。若电压互感器二次电压降低，且无上述变化规律，应停电试验检查，进行绕组电阻测试、励磁特性试验、变比试验，判断是否因绕组断线、铁芯受损、变比误差不合格等造成电压异常，明确原因后进行处理。

电容式电压互感器二次电压异常升高，引起的主要原因有主电容单元损坏、分压电容接地端未接地。开口三角电压异常升高，引起的主要原因有系统单相接地、某相二次回路绝缘损坏、绕组断线。发生异常后，应在电压互感器处检查有无异常声响并测量二次电压，结合现场情况可判断为电压互感器内部故障或二次接线盒故障，应停电进行试验检查。

正常运行中，电压互感器电压异常波动，引起的主要原因有二次连接松动、分压器低压端子未接地或电容单元可能被间断击穿。电压互感器电压异常波动，应立即到现场检查，排除异常现象是否由于二次回路故障造成，若为二次回路故障，应采取措施消除，若无法消除，应停电检查处理。

电流互感器声音异常的主要现象及原因有铁芯松动，运行中振动声增大；铁芯过饱和，使硅钢片震荡不均匀而发出较大的噪声；电流互感器严重过负荷，铁芯发出噪声；绝缘损坏、末屏开路等造成放电。电流互感器内部有异常声响，应先判断异常是否为二次回路开路造成，属于二次回路开路的应对二次回路进行处理。若判断不属于二次回路开路故障，而是本体故障且异常声响较大的，应停电检查，判断互感器绝缘、特性是否合格；异常声音较小的，应缩短周期，加强监视。

互感器SF_6压力低的原因有二次误动，发告警信号；互感器存在漏点，如本体密封处、表计接口处、密封垫处等。互感器出现SF_6压力低信号，应先检查互感器本体SF_6表计是否确实压力值降低到报警值，若为误报警，应检查二次回路。若互感器确实SF_6压力异常，应立即进行补气。若短时间内连续出现气体压力降低情况，应进行检漏。互感器因漏气较严重，一时无法进行补气时或SF_6压力已降为零的，应申请停电处理，检查中应做好防护措施，从上风向接近设备，防止SF_6气体中毒。

电流互感器本体或引线端子严重过热现象及原因有负荷电流过大；一次侧接线接触不良；接头表面氧化或铜铝过渡板质量不良，导致接触电阻偏大；内部故障。电流互感器本体或引线端子发热属于一般缺陷时，建议记录在案，并加强监测，利用停电机会进行处理；若属于严重过热，建议尽快安排停电处理；若属于危急缺陷，应立即申请停电处理。

SF_6绝缘互感器在运行中应定期检测SF_6气体中的含水量，若发现含水量超标，应尽快处理。准备好干燥且经试验合格的SF_6气体和回收装置；使用SF_6气体回收装置回收设备内的气体，抽真空残压133Pa，持续30min；将互感器内部吸附剂取出，并更换干燥合格的吸附剂；对互感器进行抽真空检测，保持规定时间（依据电压等级），若压力未发生明显变化，说明无泄漏点，否则应查明泄漏点并处理；向互感器内部补充SF_6气体，补气速度应缓慢均匀，直至达到额定压力，静置规定时间后进行相关试验检测，合格后方可投入运行。

6.2.8 无功设备故障处置

1. 电抗器故障及异常处理

运行中电抗器发生引线桩头严重发热，电抗器着火，有严重异响声或放电声，油浸式电抗器本体严重漏油、套管严重破损或发生放电现象，干式叠装式电抗器支柱绝缘子严重破损、放电或固定螺栓松动应立即停用。

电抗器正常运行时，发出均匀的“嗡嗡”声，如果声音比平时增大或有其他声音都属于声音异常。响声均匀，但比平时增大，可能是电网电压较高，发生单相过电压或产生谐振过电压等，可结合电压表计的指示进行综合判断。有杂音，可能是零部件松动或内部原因造成的，应停电检查绕组匝间有无异物、紧固件有无松动等。有放电声，外表放电多数是污秽严重或接头接触不良造成的，内部放电多数是不接地部件静电放电、绕组匝间放电等。

干式电抗器表面涂层出现裂纹时，应加强监视，一旦裂纹较多或有明显扩展趋势时应停电检查处理。干式电抗器支柱绝缘子倾斜变形或位移、绝缘子裂纹、撑条松动或脱落，应加强巡视，并尽快安排停电处理。干式电抗器出现接地体、围网、围栏发热，很大可能原因为接地体构成闭合回路，可采取措施断开闭合回路，消除发热。干式电抗器本体及引线出现异常发热时，应加强巡视，并结合缺陷性质采取相应措施进行处理。

油浸式电抗器本体箱壁存在砂眼、密封垫老化破损、密封垫压接不正、阀门损坏等情况，均可能造成油浸式电抗器油位异常。若属于轻微异常，应加强巡视，利用停电机会处理；若油位严重降低，应申请停电，检查处理。绕组引线与套管连接不良、接线板接触面氧化等，均会导致接触电阻增大而发热，应依据缺陷性质采取相应措施进行处理。

2. 电力电容器故障及处理

运行中的电力电容器有电容器、放电线圈有严重异响，电容器、放电线圈严重漏油，电容器、引线接头等严重发热，电容器外壳明显膨胀变形，瓷套有严重的破损和放电，电容器的配套设备明显损坏且危及安全运行者，电容器压力释放阀动作，电容器发生爆炸或起火，其他根据现场实际认为应紧急停运的情况时，应立即停电。

电容器渗、漏油原因有安装工艺不当，使法兰焊接处裂缝；套管桩头禁锢螺栓压接力过大、螺栓过紧、密封垫变形导致渗油；温度急剧变化，由于热胀冷缩导致外壳开裂；在长期运行中漆层脱落，外壳严重锈蚀；内部发生故障。电容器轻微渗油，应加强巡视，利用停电机会进行处理；电容器渗油严重，申请停电，对渗油部位进行检查，并采取相应措施进行处理。若密封垫破损、安装不正等造成渗漏，应更换密封垫并保证安装质量。若外壳渗、漏油，不严重时可将外壳渗漏处除锈、焊接、涂漆；严重时建议更换电容器。

电容器外壳膨胀原因有电容器内部故障，短路电流导致外壳变形。电容器外壳变形膨胀时，建议对电容器停电进行检查，明确变形原因。绝缘电阻、电容量、耐压试验合格通过后，再结合其他检查项目综合判断是否具备投运条件；若试验不合格，则不应投入运行。

电容器本体发热可能原因有本体内部故障并可能伴随异常声响或鼓肚变形，电容器接头发热可能为接触部位接触不良或氧化腐蚀造成接触电阻增大。电容器本体及接头发热，应依据相关规程规定判断发热缺陷部位及性质，并采取相应措施进行处理。

电容器在正常运行情况下应无任何声响，发现有放电声或其他声音（如“嗞嗞”声或“咕咕”声）时，则说明内部或外部有局部放电现象，应向调度机构申请电容器退出运行，进行试验检查，明确异常声响来源，并采取相应措施进行处理。

3. SVG常见异常现象处理

（1）单元过热故障是指安装在散热器上的温度开关动作，控制板检测到过热信号有效上报的故障。温度开关为常闭开关，动作温度为80℃ ±2℃。故障主要原因有散热不良导致散热器温度过高、温度开关损坏或误动作、温度开关连接线异常、单元控制板过热检测功能故障。处理方法主要是检查单元柜散热风机是否异常（不转或反转）、单元柜滤网是否被堵塞、温度开关是否动作异常、温度开关与单元控制板是否连接异常、单元控制板过热检测功能是否异常等。

（2）单元直流母线过电压故障是指功率单元直流母线电压超过设定的最高过电压点，控制板上报的故障。此过电压点为单元允许的最高电压，超过此设定电压可能导致电解电容损坏。对35kV级系统来说，过电压点设为1350V。故障主要原因有功率单元被充电、单元控制板过压检测功能故障。处理方法是检查单元波形是否异常，被其他单元充电；检查单元控制板过压检测功能是否异常。

（3）驱动故障是指静止同步补偿器（STATCOM）在运行中驱动板检测到

驱动异常时上报的故障。驱动故障是由驱动板检测的，主要原因有IGBT损坏、IGBT过电流、驱动板损坏、驱动板失电、驱动板与控制板连接异常、单元控制板件检测故障。处理方法是检查IGBT是否损坏、功率单元或STATCOM是否有输出短路情况、驱动板功能是否正常、驱动板电源是否异常、驱动板与控制板连接线是否正常、控制板电源是否正常、控制板驱动保护功能是否正常。

（4）控制失电故障是指功率电源板件电源异常报出的故障。功率单元板件具有电压检测功能，当电源低于设定值时立即报警。故障主要原因有控制板一次电源异常、功率单元失电、单元板件有短路现象、控制板失电检测功能异常。检查方法是检查控制板一次电源是否正常，功率单元输入熔断器、整流桥、电解电容是否正常，控制板和驱动板是否有短路情况，控制板的失电检测功能是否正常。

（5）单元DIP故障是指功率单元DIP拨码开关未按照正确的方法设置，如在某级单元中，本应设置为A、B、C单元编码的设置为B、B、C，则会上报DIP故障。需要注意的是如果此功能只能检查单元编码设置有重复的情况，则单元编码顺序交换时（如设置为B、C、A）无法检测。故障主要原因有单元DIP开关设置错误、单元DIP开关损坏或功能异常。处理方法是检查单元DIP开关是否按要求设置，单元DIP开关是否完好、功能是否正常。

（6）上级通信故障是指单元接收到的信号异常。由于采用串行通信后，单元接收上一级的通信信号再转发到下一级，当接收到信号异常时，会上报此故障。故障主要原因有光纤连接异常、上级单元失电或通信异常、本单元通信功能异常。处理方法是检查本单元与上一级单元之间的光纤连接是否正常、上级单元是否失电、上级单元控制板是否通信正常、本单元通信功能是否正常。

（7）输出过电流是指主控检测到STATCOM输出电流超过设定值报出的故障，输出过电流的整定值参考对应功能号说明。STATCOM主控系统利用STATCOM输出端使用的霍尔传感器返回的电流采样信号进行软件计算，当瞬时值超过设定的过电流点后，进行报警。故障主要原因有电缆绝缘异常、过电流参数设定异常、输出电压波形异常、霍尔传感器损坏、DMC主板电流检测功能异常。处理方法是检查参数设定是否正确、STATCOM输出电压波形是否正常、霍尔传感器是否正常、主板电流检测功能是否正常。

（8）输出过负荷是指STATCOM检测到电流长期超过额定电流值运行报出的故障，过负荷故障的整定值参考参数设定对应的功能号说明。过负荷检测与过电流检测一样是通过软件计算的。故障主要原因有STATCOM单元输出电压波形异常、霍尔传感器损坏、DMC主板电流检测功能异常。处理方法是检查STATCOM输出电压波形是否正常、霍尔传感器是否正常、主板电流检测功能是否正常。

6.2.9 二次设备异常处置

（1）必须按符合实际的图纸进行工作。

（2）停用继电保护及安全自动装置，必须经调度同意。

（3）在电压互感器二次回路上查找故障时，必须考虑对继电保护及安全自动装置的影响，防止因失去交流电压而误动或拒动。

（4）故障处理后，在进行传动试验时，应事先查明是否与其他设备有关。应先断开联跳其他设备的压板，然后才允许进行传动试验。

（5）取下直流电源熔断器时，应将正、负熔断器都取下，以利于分析查找故障。同时，其操作顺序应为：先取正极，后取负极；装熔断器时，顺序与此相反。这样的目的是防止因寄生回路而误动跳闸，也为了在直流接地故障时，不至于因只取一个熔断器造成接地点发生“转移”而不易查找。

（6）装、取直流熔断器时，应注意考虑对保护的影响，防止保护误动作。

（7）带电用表计测量时，必须使用高内阻电压表，防止误动跳闸。

（8）防止电流互感器二次开路，电压互感器二次短路、接地。

（9）使用的工具应合格并绝缘良好，尽量使必须外露的金属部分减少，防止发生接地短路或人身触电。

（10）拆动二次接线端子，应先核对图纸及端子标号，做好记录和明显的标记。及时恢复所拆接线，并应核对无误，检查接触是否良好。

（11）因查找故障，需要做模拟试验、保护和开关传动试验时，试验之前，必须汇报调度，根据调度命令，先断开该设备的公用跳闸回路，防止误切运行开关。

6.2.10 安全稳定装置异常处置

1. 装置异常

（1）安全稳定控制系统（简称稳控系统）任一装置异常时，现场应立即汇报调度机构值班调度员，同时联系专业人员处理。

（2）双重化配置装置的其中一套异常时，向调度机构申请退出该套装置，并立即退出与该异常装置有通道联系的对侧装置通道压板。

（3）区域稳控系统或稳控系统子站任一主运装置异常时，应立即退出该装置，并切换稳控系统主站的主运装置压板，切换之前断面限额按不包括该站切机量执行。

（4）若稳控系统主站A、B柜稳定控制装置同时异常，则应立即退出整个稳控系统。若任一子站A、B柜稳定控制装置同时异常，则应立即退出该站两套装置，并立即退出与该异常装置有通道联系的对侧装置通道压板。

2. 通道异常

稳控系统任一通道异常时，应立即退出两侧装置与该通道相连的通道压板。

6.2.11 调度通信联系中断处置

调度通信联系中断是指调度与新能源场站的通信方式全部中断。此类事件会造成调度与新能源场站失去线路、调度数据中断，造成新能源场站失去调度实时控制。调度通信联系中断一般有光纤中断、音频线或2M线出现故障、交换机故障等。

当光纤发生中断时，立即到达现场使用光时域反射仪（OTDR）对承载业务纤芯进行测试，若仅承载业务纤芯发生故障，则立即将业务割接至其余正常备用光纤。若光缆发生中断，则立即核实光缆承载业务、联系调度机构并开展光缆故障点确定与紧急抢通。当音频线或2M线出现故障时，应立即更换故障线缆恢复通信。若交换机出现故障，应立即组织人员对故障交换机全力抢修，若遇到场站人员无法处理的情况，应立即联系交换机厂家寻求技术支持。光端机故障时，现场人员与网管人员密切配合，确认光端机故障点，若光端机板卡发生故障，应立即对故障板卡进行更换。处置过程中必须按照抢修方案和预控措施执行，现场人员应使用合适的检修工具和防护用品。抢修中涉及上级单位或其他单位业务的，不得私自中断，应及时向调度机构获得批准后再开展抢修工作。故障未排除前，除有危及电网安全运行及人身安全的情况发生之外，不能以任何理由终止抢修。

6.2.12 调度自动化系统主要功能失效处置

调度自动化系统健康运行是新能源场站正常并网的基础，调度自动化系统在运行中往往会出现重要模块或功能的异常情况，严重的会造成重要功能失效，严重影响新能源场站及电网的安全，出现异常或失效情况时应及时处理。

常见故障有AGC、AVC不受控，遥测值不刷新等。

1. 自动发电控制（AGC）常见问题及处理

（1）新能源场站AGC不受控。排查场站是否为“就地”状态，修改为“远方”状态。

（2）新能源场站不接收下发的数值。排查前置通道是否运行正常，通道正常时排查数据库点号与填写通道是否正确。

2. 电压自动控制（AVC）常见问题及处理

（1）接收不到新能源场站反馈的数值。检查与场站的通道是否运行正常，如果通道正常，则检查数据填写通道及点号是否正确。

（2）新能源场站接收不到调度机构下发的数据。检查调度机构与场站之间的转发通道是否传输正常，如果通道正常，则检查点号是否填写正确。

（3）统计查询功能无法打开。检查系统内AVC应用是否运行正常。

（4）考核统计功能无法正常运行。检查系统内AVC应用是否运行正常、日期是否设置正确。

3. 遥测数值不刷新处理

检查前置通信参数是否正确，打开前置报文进行总召，打开前置数据进行重载数据，若数据还不刷新，通知场站查询业务主机是否运行正常。

4. 遥控操作异常处理

查看数据库中SCADA模块下遥信表中是否遥控，是否选择“是”；数据库中SCADA模块下设备类中设备间隔是否填写正确；数据库中FES模块下遥信定义表中查看“点号”与“通道”是否填写正确；数据库中FES模块下行定义表中遥控点号与极性是否填写正确；接线图中开关关联数据库属性是否正确；预置开关变位，无法从A机发送变位请求到B机时，查看A、B机直接的网络连接是否正常，网络连接正常时查看监控系统主机内相关应用是否正常。

5. 遥测与遥信数据异常处理

打开前置报文，总召报文后查看现场发来的报文内容是否正确；打开前置数据，重载数据后查看异常数据的点号及参数设置是否正确；在数据库SCADA模块下信号对应的间隔是否填写正确；在数据库FES模块下查看异常数据所对应列中通道是否填写正确，在接线图中查看遥测或遥信信息关联数据库属性是否正确。

6. 二次设备在线监控常见问题处理

（1）保护信息子站接入工作时部分设备无法召唤。在保护操作界面下选择需要召唤设备的场站和设备，单击右侧单个装置按钮，等待设备召唤完成。

（2）在系统上召唤某个场站内保护设备定值或故障录波数据信息时一直显示召唤失败。在保护操作界面，选择需要召唤数据信息的场站，选择需要召唤信息的设备，单击右侧单个装置按钮，等待设备召唤完成。选择需要召唤的信息开始召唤，如果还不能召唤，打开二次设备在线监视与分析板块下的前置报文，再继续召唤设备信息，查看报文，如果召唤时场站侧有回复报文，则核对主站侧保信子站配置是否正确，如果场站侧无报文回复，通知场站侧人员排查站内设备配置及设置是否正常。

7. 无语音告警处理

发现语音告警没声音时先查看音箱电源及音量调节处是否正常，首先排除外部设备的故障问题，再检查语言程序是否运行正常，如果退出，重新启动语言程序。

8. 新接入的新能源场站没有功率预测结果处理

（1）首先检查新能源场站有没有上送文件，如果未上送文件，则通知新能源场站进行检查；如果有文件，则重启数据解析程序，在检查配置工具中在线更新数据，等待数分钟，程序将重新启动数据解析程序，重新进行预测。

（2）如果所有新能源场站均无预测数据，则确认网络正常后重启数据解析程序。

（3）功率预测查询不到新能源场站的天气预报信息或者实时气象信息，检查曲线是否有调度预测数据。检查是否上送天气预报文件或者气象站文件，或者上传的文件内容是否为0。如果有文件且内容正常、格式正常，则重启解析程序。

（4）新能源场站功率预测文件上传正常，但文件上传率低。检查上报文件状态，有可能是文件格式错误导致，或者上传时间延迟，导致文件状态为延迟上传，程序统计不到。

第 7 章　新能源场站反事故措施要求

7.1　风力发电

7.1.1 风电机组

风电机组由塔架、机舱、风轮、制动系统、调向系统、控制系统、发电机、齿轮箱等组成。

（1）风电机组及其附属设备。风电机组及其附属设备均应有制造厂的金属铭牌，应有新能源场站自己的名称和编号，并标示在明显位置。

（2）塔架和机舱。塔架应设攀登设施，中间应设休息平台，攀登设施应有可靠的防止坠落的保护设施，以保证人身安全。机舱内应有消音设施，并应有良好的通风条件，塔架和机舱内部照明设备齐全，亮度满足工作要求。塔架和机舱应满足防盐雾腐蚀、防沙尘暴的要求，机舱、控制箱和筒式塔架均应有防小动物进入的措施。

（3）风轮。风轮应具有承受沙暴、盐雾侵袭的能力，并有防雷措施。

（4）制动系统。风电机组至少应具有两种不同原理的能独立有效制动的制动系统。

（5）调向系统。调向系统应设有自动解缆和扭缆保护装置。在寒冷地区，测风装置必须有防冰冻措施。

（6）控制系统。风电机组的控制系统应能监测以下主要数据并设有主要报警信号：

1）发电机温度、有功与无功功率、电流、电压、频率、转速、功率因数。

2）风轮转速、变桨距角度。

3）齿轮箱油位与油温。

4）液压装置油位与油压。

5）制动刹车片温度。

6）风速、风向、气温、气压。

7）机舱温度、塔内控制箱温度。

8）机组振动超温和制动刹车片磨损报警。

（7）发电机。发电机的防护等级应能满足防盐雾、防沙尘暴的需求。湿度较大的地区应设有加热装置以防结露。应装有定子绕组测温和转子测速装置。

（8）齿轮箱。齿轮箱应有油位指示器和油温传感器，寒冷地区应有加热油的装置。

7.1.2 风电场

（1）风电场的控制系统由两部分组成：一部分为就地计算机控制系统，另一部分为主控制室计算机控制系统。主控制室计算机应备有不间断电源，主控制室与风电机组现场应有可靠的通信设备。

（2）风电场必须备有可靠的事故照明。

（3）处在雷区的风电场应有特殊的防雷保护措施。

（4）风电场与电网调度之间应有可靠的通信联系。

（5）架空配电线路、电力电缆、变压器及其附属设备、升压变电站及防雷接地装置等的要求应按相关标准执行。

7.2　光伏发电

7.2.1 光伏组件

（1）光伏组件在运行中不得有物体长时间遮挡。

（2）光伏组件表面出现玻璃破裂或热斑、背板灼焦、颜色明显变化、光伏组件接线盒变形扭曲开裂或烧损、接线端子无法良好连接时，应及时进行更换。

（3）在更换光伏组件时，必须断开与之相应的汇流箱开关、支路熔断器及相连光伏组件接线。工作时工作人员需使用绝缘工器具。

（4）光伏组件更换完毕后，必须测量开路电压，并进行记录。

（5）定期对每一串光伏组件电流进行监测，对偏离值较大的需查明原因。

（6）在大风过后需对子阵光伏组件进行一次全面巡回。

（7）巡回过程中尽量不要接触接线插头及组件支架，如需进行工作必须接触接线插头及组件支架时，工作人员需要使用绝缘工器具，方可进行工作。

（8）光伏组件、汇流箱、直流配电柜运行中正极、负极严禁接地。

（9）光伏组件在运行中应保持表面清洁，光伏组件出现污物时必须对电池组件进行清洗，以保证电池组件转换效率。

7.2.2 直流配电柜

（1）正常运行时直流配电柜所有支路开关在合位。

（2）当直流汇流箱设备故障退出运行时则相应直流配电柜支路开关拉开。

（3）当直流配电柜内任一支路开关跳闸时，应查明原因方可合闸。

（4）直流配电柜内直流开关损坏需更换时，相应逆变器退出运行，拉开逆变器交、直流侧开关，拉开支路汇流箱内开关。

（5）直流汇流箱正极对地、负极对地的绝缘电阻应大于1MΩ。直流汇流箱内熔断器更换时需更换同容量的熔断器，不得随意更改。

7.2.3 直流汇流箱

（1）投切汇流箱熔断器时，工作人员必须使用绝缘工具，防止人身触电。

（2）在汇流箱进行工作时，须取下汇流箱各支路熔断器及断开连接的电池组串，断开直流配电柜对应的开关，并悬挂标示牌。

（3）进行电池板维护工作时，太阳能组件边框必须牢固接地；在相同的外部条件下，同一光伏组件表面温度差异应小于20℃；在相同的外部条件下，测量接入同一汇流箱的组件的输入电流，其偏差不应超过5%。工作人员工作时，应使用绝缘工具，防止人身触电。

（4）发生直流柜开关跳闸时，应对相应的汇流箱和电缆进行检查，测量绝缘正常后方可合闸送电。

7.2.4 逆变器

（1）逆变器并网运行时有功功率不得超过所设定的最大功率。当超出设定的最大功率时，应查明原因，并设法恢复到规定功率范围内，如无法恢复，将逆变器停机。

（2）当逆变器并网运行，系统发生扰动后，逆变器将自动解列，在系统电压、频率未恢复到正常范围之前，逆变器不允许并网。当系统电压、频率恢复正常后，逆变器需要经过一个可延时时间后才能重新并网。由于所选逆变器厂家不同，逆变器重启时间有所差异。

（3）逆变器正常运行时不得更改逆变器任何参数。

（4）逆变器由于某种原因退出运行，再次投入运行时，应检查直流电压及电流变化情况。

（5）逆变器在运行中，必须保证逆变器功率模块风机运行正常，室内通风良好，禁止关闭或堵塞进、出风口。

（6）应定期对逆变器设备进行清扫，保证逆变器在最佳环境中工作。

（7）在逆变器柜内进行检修作业时，必须将交、直流侧开关全部拉开。

（8）逆变器在关机 20min 后，方可打开柜门工作。在进行逆变器逆变模块维护工作时，在逆变器模块拔出 5min 后，方可进行模块的维护工作。工作结束 10min 后，方能重新插入机柜。

（9）输入电压在额定的直流电压范围、电网电压在正常工作范围时逆变器自动并网。

（10）逆变器自动解列，无须人为干预。输入电压超出额定的直流电压范围、电网电压异常时逆变器自动解列。

7.3 二次系统

7.3.1 计算机监控系统

（1）计算机监控系统应具备数据采集及处理、调节与控制、报警处理、远动、时间同步、人机联系、系统自诊断和自恢复、同期、时间顺序记录、画面生成及显示、在线计算机制表等功能。

（2）计算机监控系统结构宜采用分层分布式结构，110kV 及以上电压等级电网采用双以太网，35kV 及以下电压等级电网可采用单以太网。

（3）计算机监控系统的服务器操作系统应采用非 Windows 操作系统，使用国家指定部门检测认证的安全加固的操作系统和数据库。

（4）计算机监控系统应满足电力监控系统安全等级要求，并经专业部门进行安全评估。

7.3.2 继电保护及安全自动装置

（1）新能源场站变压器保护配置原则：应安装 110kV 及以下电压等级主保

护、后备保护、非电量保护，均应独立配置，组一面屏；220kV及以上电压等级采用主备一体化设备，双套配置，非电量保护单套配置，组三面屏。

（2）220kV及以上电压等级电网、110kV变压器、110kV线路（母联）的保护和测控，以及330kV变电站的110kV电压等级保护和测控应配置独立的保护装置和测控装置，确保在任意元件损坏或异常的情况下，保护和测控功能互相不受影响。

（3）为防止装置家族性缺陷可能导致的双重化配置的两套继电保护装置同时拒动的问题，双重化配置的线路、变压器、母线、高压电抗器等保护装置应采用不同生产厂家的产品。

（4）应充分考虑安装环境对保护装置的性能及寿命的影响，对于布置在室外的保护装置，其附属设备（如智能控制柜及温控设备）的性能指标应满足保护运行要求且便于维护。

（5）制造部门应提高微机保护抗电磁骚扰水平和防护等级，保护装置由屏外引入的开入回路应采用±220V/110V直流电源。光耦开入的动作电压应控制在额定直流电源电压的55%~70%范围以内。

（6）两套保护装置的交流电流应分别取自电流互感器互相独立的绕组；交流电压应分别取自电压互感器互相独立的绕组。

（7）接入主网时，新能源场站与主网变电站应安装安全自动装置，具备故障解列、低频低压解列、高频高压解列等功能。

（8）110kV及以上电压等级新能源场站应配置故障录波装置，故障录波装置应具备直流系统的各母线段（控制、保护）对地电压进行录波的功能。

（9）正、负电源之间以及正电源与跳合闸回路之间，要以空端子隔开。

（10）两套保护装置的直流电源应取自不同蓄电池组供电的直流母线段。

（11）变压器保护的两套完整、独立的电气量保护和一套非电量保护应使用各自独立的电源回路（包括直流空气小开关及其直流电源监视回路），在保护柜上的安装位置应相对独立。

（12）继电保护装置所有二次回路的电缆均应使用屏蔽电缆，继电保护装置直流电源电缆应采用屏蔽阻燃电缆。

（13）有两组跳闸线圈的断路器，其每一跳闸回路应分别由专用的直流熔断器或自动空气开关供电。断路器有两套跳闸回路的（包括手跳回路）负电不得互相串入。

（14）任何设备任何时候不允许无主保护运行。

（15）双重化配置的主保护，其中一套因故退出，退出时间不应超过24h。

（16）继电保护装置整屏退出时，应断开保护屏上所有压板，并将功能把手置于对应位置。

（17）继电保护装置中仅某保护退出运行，除断开该保护投入压板外还应断开其对应的出口压板。

（18）用断路器对线路母线充电时充电前投入充电保护，充电正常后退出充电保护。

（19）用断路器对新投或大修后空载变压器充电时，应投入变压器差动保护，且投入跳闸压板。

（20）查找直流接地，应根据操作方式、操作情况来判断可能接地的处所，采取拉路寻找、分段处理的方法。

（21）电流、电压互感器一次或二次设备（回路）变动后，必须带负荷进行互感器极性测试。

（22）各级调度机构所管辖的保护设备的投入与退出应按调令执行，并记录命令、内容、时间、发令人姓名。非网调管辖的保护设备投入与退出可由当班值长决定，并做好记录。

（23）有信号位置的保护压板，应先投信号位置，检查信号继电器不动作时，再投入跳闸位置。

（24）运行设备的保护装置压板投跳闸前，应先进行验电，禁止在两端带不同极性电时投入保护压板。

（25）带有电压回路的继电保护装置，无论装置内部有无失压闭锁功能，在操作或运行中都不得失去电压。运行中的保护装置因工作需要要断开直流电源时，应先经相关调度值班人员同意断开其出口压板再断直流电源。

（26）新投运保护设备或保护自动装置检修、变动后应履行以下手续：

1）必须进行保护出口和联动等试验，以确定保护值的正确性符合要求。

2）按规定需要与相应调度机构核对保护装置定值的，运行值班人员应与值班调度员按保护定值通知单核对保护定值，核对保护定值时应以保护装置打印出的定值清单为依据。

3）保护装置保护定值核对无误后，方可按照相应调度机构调度命令投入相应保护。

（27）继电保护定值变更后，应按保护定值通知单要求执行，作废的保护定值通知单必须加盖“已作废”印章，并从保护定值通知单管理文件夹中撤出，保护定值通知单更换后必须由执行人及时签证登记。

（28）保护装置、自动化装置直流系统发生接地现象时，按直流接地查找原则处理。

（29）运行人员应将保护装置及自动化装置动作情况记录清楚，并汇报值长，在得到值长的许可后方可复归信号。

（30）保护动作后，运行人员应在值班记事本上记录清楚，相应调度机构调度管辖设备及保护应及时汇报调度员，并在事故24h内写出书面报告。

7.3.3 调度自动化系统

（1）新能源场站调度自动化系统应具备远动（RTU）、电能计算、有功和无功功率控制、电能质量在线监测、风（光）功率预测、PMU同步相量测量等功能，并满足“安全分区、网络专用、横向隔离、纵向加密”的二次安全防护要求。

（2）新能源场站调度自动化系统应安装网络安全监测装置，并接入相应调度机构网络安全监测平台。

（3）新能源场站调度自动化系统应满足电力监控系统安全等级要求，存在严重漏洞或不符合安全防护规定的禁止投入运行。

（4）新能源场站调度自动化系统接入调度数据网络的节点、设备和应用系统，其接入技术方案和安全防护措施必须经直接负责的调控机构同意，并严格执行调度数据网接入和安全策略配置管理流程，未经审批不得擅自接入。

7.3.4 直流系统

（1）新能源场站直流系统标称电压宜采用220V，该系统为控制负荷与动力负荷合并供电，在正常运行情况下，直流母线电压应为231V（105%U_n）；在均衡充电运行情况下，直流母线电压应不高于242V（110%U_n）；在事故放电情况下，直流母线电压不应低于192.5V（87.5%U_n）。

（2）直流电源系统的同一支路中不得将熔断器和直流自动空气开关混用，不应在直流自动空气开关的上级使用熔断器，防止在回路故障时失去选择性。

（3）直流总输出回路、直流分路均装设自动空气开关时，必须确保上、下级自动空气开关有选择性地配合，自动空气开关的额定工作电流应按最大动态负荷电流（即保护三相同时动作、跳闸和收发信机在满功率发信的状态下）的2倍选用。

（4）直流电源系统绝缘监测装置的平衡桥和检测桥的接地端以及微机型继电保护装置柜屏内的交流供电电源（照明、打印机和调制解调器）的中性线不应接入保护专用的等电位接地网。

7.4 运行管理

7.4.1 对运行人员的要求

（1）新能源场站的运行人员必须经过岗位培训，考核合格，经检查鉴定，没有妨碍工作的病症。

（2）新聘人员应有3个月实习期，实习期满后经考核合格方能上岗，实习期内不得独立工作。

（3）熟悉新能源场站设备的工作原理及基本结构，掌握判断一般故障的产生原因及处理方法，掌握计算机监控系统的使用方法。

（4）熟悉操作票、工作票的填写以及“引用标准”中有规程的基本内容。

（5）能统计计算容量系数、利用时数、故障率等。

7.4.2 正常运行和维护

（1）新能源场站运行人员每天应按时收听和记录当地天气预报，做好新能源场站安全运行的事故预想和对策。

（2）运行人员每天应定时通过主控制室计算机的屏幕监视新能源场站设备各项参数变化情况。

（3）运行人员应根据计算机显示的风电机组运行参数，检查分析各项参数变化情况，发现异常情况应通过计算机屏幕对该机组进行连续监视，并根据变化情况做出必要处理，同时在运行日志上写明原因，进行故障记录与统计。

（4）运行人员应定期对风电机组、新能源场站测风装置、光伏矩阵、逆变器、升压站、场内高压配电线路进行巡回检查，发现缺陷及时处理，并登记在缺陷记录本上。

（5）运行人员登塔检查维护应不少于两人，但不能同时登塔。运行人员登塔要使用安全带、戴安全帽、穿安全鞋。零配件及工具必须单独放在工具袋内，工具袋必须用安全绳连接牢固，以防坠塔。

7.4.3 异常运行和事故处理

（1）当新能源场站设备出现异常运行或发生事故时，当班值长应组织运行人员尽快排出异常，恢复设备正常运行，处理情况记录在运行日志上。

（2）事故发生时应采取措施控制事故不再扩大并及时汇报，在事故查清前，运行人员应保护事故现场和损坏的设备，特殊情况例外（如抢救人员生命），如需立即进行抢修的，必须经主管单位的同意。

（3）当事故发生在交接班过程中时，应停止交接班，交班人员必须坚守岗位、处理事故，接班人员应在交班值长指挥下协助处理事故。事故处理告一段落后，由交接双方值长决定是否交接班。

（4）事故处理完毕后，当班值长应将事故发生的经过和处理情况，如实记录在交接班薄上。事故发生后应根据计算机记录，对保护、信号及自动装置动作情况进行分析，查明事故发生的原因，写出书面报告，并报送相应调度机构。

（5）当机组发生起火时，运行人员应立即停机并切断电源，迅速采取灭火措施，防止火势蔓延；当机组发生危及人员和设备安全的故障时，值班人员应立即拉开机组线路侧的断路器。

（6）机组主开关发生跳闸，要先检查主回路晶闸管、发电机绝缘是否击穿，主开关整定动作值是否正确，确定无误后才能重合主开关，否则应退出运行进一步检查。

（7）机组出现振动故障时，要先检查保护回路，若不是误动，应立即停止运行做进一步检查。

第 8 章　新能源典型事故案例

由于近几年新能源场站的迅猛发展建设，对相关专业运行维护人员的技术需求也剧增。目前，很多运行维护人员专业知识浅薄，实际运行经验不足，设备的运行维护操作管理还停留在简单的理论层面，远远不能满足安全生产运行的需求，对电网的安全稳定运行和调度管理产生了很大的影响。为提高新能源场站的安全运行水平，加强生产运行人员的实际运行经验及新进人员的专业培训等，本章对近几年的风电场、各类集中和分布式光伏电站在实际运行维护中出现的事故案例进行分析，警醒和告知新能源场站管理及运维人员、调控管理人员在事故当中吸取经验教训，举一反三，查找自身在设备管理和运维当中存在的安全隐患，及时发现、及时排查处理，将事故遏制在萌芽状态，确保人员和设备的安全。

8.1　线路维护巡视不到位导致线路跳闸

8.1.1 事故概况

甲风电场通过110kV甲乙线汇入乙风电场，并共同通过110kV乙丙线并入丙变电站。110kV甲乙线、110kV乙丙线（甲乙线与乙丙线同塔双回）、变压器带电运行，甲风电场6条集电线路带电运行，乙风电场4条集电线路带电运行。甲风电场48台风电机组，总装机容量96MW；乙风电场48台风电机组，总装机容量96MW。事故前甲风电场出力28MW，乙风电场出力32MW。事故后出力为0MW，损失出力60MW，停运发电机组96台。

110kV乙丙线保护装置RCS-943保护启动，电流差动保护动作，故障相别A相，测距45km，故障相电流值1.91A，最大差动电流29.02A，电流差动保护动作5ms，故障前电压116.72kV、电流138.68A，跳闸后电压0kV、电流0A。跳闸后甲、乙风电场110kV变压器、35kV母线失压，10条汇集线路失电，96台风电机组全部脱网。电网联络图如图8-1所示。

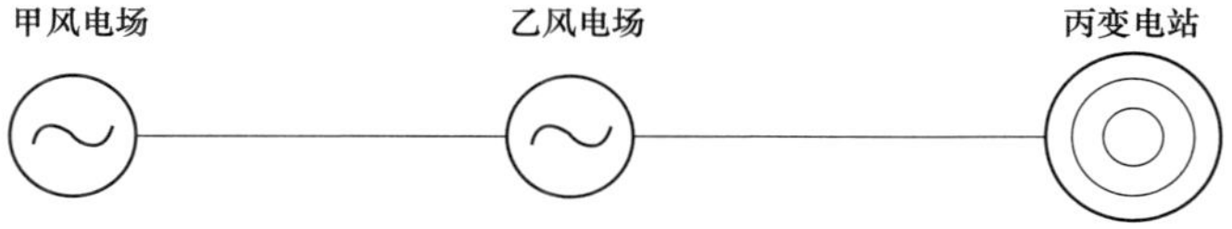

图 8-1　电网联络图

8.1.2 事故分析

（1）该地区主要地形为山地，平均海拔为1900m，气候类型为季风气候，乙丙线线路全长51.08km，共计172基铁塔。依据保护装置测定的故障点距离，判定故障点在乙丙线20~30号铁塔之间，巡视发现24号铁塔A相避雷器击穿，其他铁塔均无异常，与保护装置测定距离相吻合。

（2）现场检查发现，24号铁塔A相氧化锌避雷器瓷套污染严重，24号铁塔地理位置处于盐化工厂附近，该厂排污严重，对附近环境造成污秽影响，也对线路附近的避雷器产生污秽影响，经分析，24号铁塔A相氧化锌避雷器属于瓷套污染导致电阻片中电流分布不均，造成避雷器击穿引起瞬间接地。

8.1.3 防范措施

（1）定期对污秽严重区域线路设备进行污秽清理，对相应设备做绝缘测试工作，不合格的及时更换。

（2）加强运维人员相关专业知识的培训力度，提高业务能力。

（3）加大对线路的巡视频率，提高巡视质量，确保线路安全稳定运行。

8.2 巡视不到位引起升压站变压器跳闸

8.2.1 事故概况

某110kV升压站1、2号主变压器运行，1号主变压器供甲、乙光伏电站及丙光伏电站的Ⅰ段母线，2号主变压器供丙光伏电站的Ⅱ段母线，总装机容量120MW。2号主变压器本体重瓦斯动作，2号主变压器102、302断路器跳闸，丙光伏电站的Ⅱ段母线失压。升压站接线图如图8-2所示。

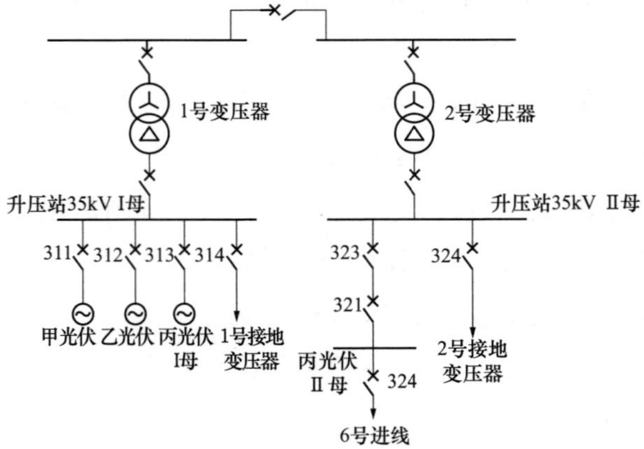

图8-2　升压站接线图

8.2.2 事故分析

（1）经检查，2号主变压器本体无异常，气体继电器观察窗未发现气体，当时油位在3.5刻度（见图8-3），油温为20℃，呼吸器下方地上有油迹，油杯外壁有油滴。检查发现丙光伏电站故障录波显示35kV Ⅱ母电压突变。

（2）第一日对2号变压器储油柜进行0~10刻度全容积充放油试验，当油位从0刻度上升至约3.3刻度附近时，能够听到储油柜内有异响，且油位指示跳变，之后油位继续上升无任何异常现象。第二日对变压器储油柜注油至约3刻度位置，拆除注油设备，打开通向本体的蝶阀，模拟正常运行状态，变压器储油柜油位上升至3.3刻度后停止，储油柜出现巨大声响，同时伴随呼吸器油杯出现沸腾状剧烈冒泡现象（见图8-4），油位指示由3.3刻度跳变至3.6刻度。通过储油柜外观检查发现在储油柜正上方距油窗侧200cm处3.3刻度处储油柜罐体正上方有直径约4cm左右的凹陷（见图8-5），最大凹陷深度约1.3cm，通过测量确定此凹陷处正是油位3.3刻度时波纹管端部滚轮所在位置。

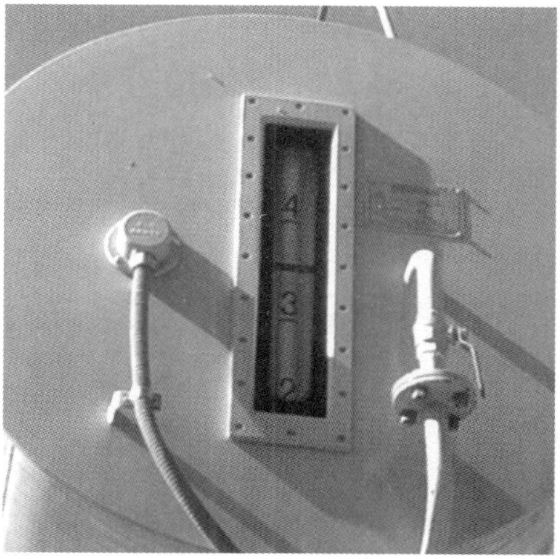

图 8-3　2 号主变压器跳闸时油位

图 8-4　2 号主变压器本体呼吸器油杯喷油

（3）通过分析，2号主变压器本体储油柜内波纹管在3.3刻度附近伸缩过程中行程有卡涩。跳闸前一日天气为小雪，温度、负荷均较低，当天最低油位约在2.8刻度。跳闸当天天气转晴，温度、负荷上升，当油位升至3.3刻度附近时，波纹管行程受阻停止收缩，随着环境温度和负荷上升，储油柜油位也应随之上升，但因波纹管行程受阻造成油位静止，储油柜内油压上升，油压达到临界点瞬间推开波纹管，使波纹管急速收缩，油腔瞬间形成负压，变压器本体油急速流向储油柜，油的流速达到本体重瓦斯动作整定值（0.931m/s），造成本体重瓦斯动作。同时波纹管急速向外排气使呼吸器油杯产生沸腾状气泡，并造成溢油。

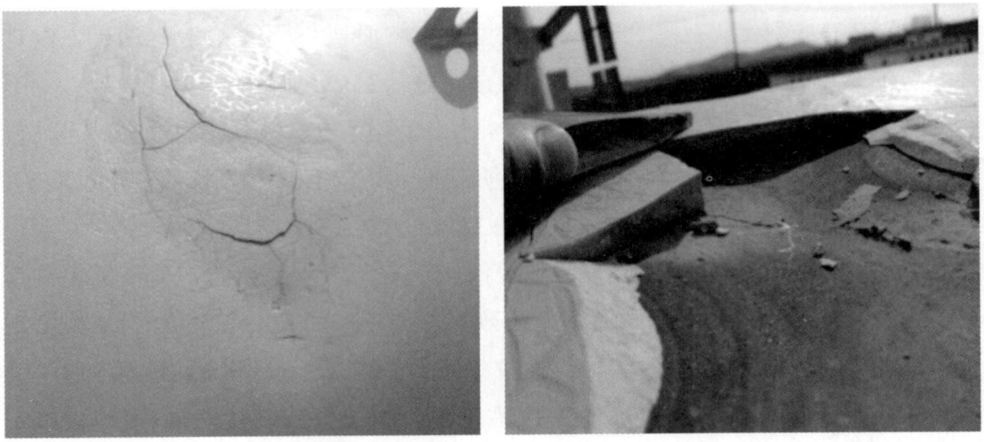

图 8-5　2 号主变压器储油柜罐体凹陷

8.2.3 防范措施

（1）新能源场站应加强运维人员对《电业安全工作规程》、“两票三制”及相关业务知识的培训。

（2）新能源场站对运维人员开展变压器及附属设备工作原理培训，掌握变压器及附属设备工作原理。

（3）增加新能源场站设备巡视频率，并在高、低温时间对站内储油设备进行特巡，及时发现变压器运行时油位跳动的异常现象。

（4）新能源场站应加强新投运设备的验收，严防设备带缺陷并入电网。

8.3　继电保护整定不满足运行要求引起跳闸

8.3.1 事故概况

110kV甲升压站1、2号主变压器运行，1号主变压器供甲、乙光伏电站及丙光伏电站的Ⅰ段母线和1号接地变压器，2号主变压器供丙光伏电站的Ⅱ段母线及2号接地变压器，总装机容量120MW。丙光伏电站Ⅱ段母线上6号进线324零序Ⅰ段保护动作，6号进线324断路器跳闸，110kV甲升压站2号接地变压器过电流Ⅰ段保护动作，2号接地变压器324断路器跳闸。升压站接线图如图8-6所示。

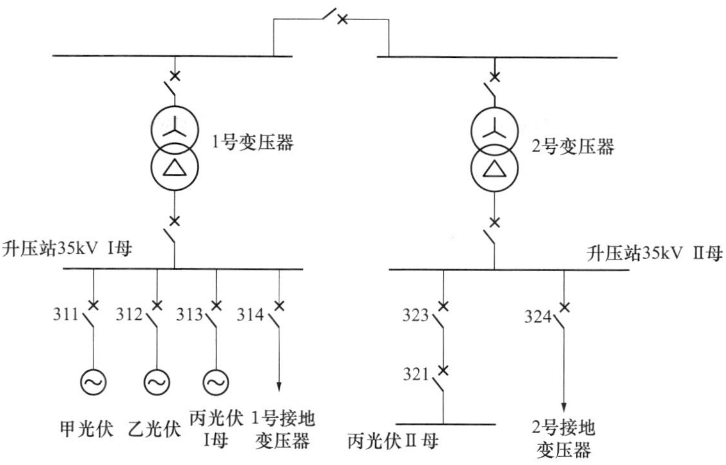

图8-6 升压站接线图

8.3.2 事故分析

（1）经检查丙光伏电站6号进线324零序Ⅰ段保护动作，6号进线324断路器在分位，丙光伏电站321断路器在合位。110kV甲升压站2号接地变压器过电流Ⅰ段保护动作，2号接地变压器324断路器在分位，323断路器在合位。

（2）对跳闸设备进线详细检查分析，丙光伏电站6号进线324线路侧电缆A相击穿，对110kV甲升压站2号接地变压器本体、电缆进行仔细检查，均未发现任何异常。

（3）对丙光伏电站6号进线保护动作及110kV甲升压站2号接地变压器保护进行详细检查，丙光伏电站6号进线线路侧电缆击穿后，6号进线保护装置零序Ⅰ段0时限启动，324断路器跳闸，切除故障；在丙光伏电站6号进线线路电缆击穿的同时，110kV甲升压站2号接地变压器过电流Ⅰ段保护0时限启动，跳开2号接地变压器324断路器，35kV甲丙2线两侧保护因有延时，均未动作。

（4）结合定值分析，丙光伏电站6号进线、110kV甲升压站2号接地变压器、35kV甲丙2线两侧保护均逻辑正确，动作正常。35kV丙光伏电站6号进线零序Ⅰ段保护定值为4.6A，时限0s；110kV甲升压站2号接地变压器过电流Ⅰ段保护定值5A，时限0s；而经核查，110kV甲升压站2号接地变压器TA变比为100/5，而定值单及保护装置上过电流Ⅰ段保护定值均为5A，明显偏小，导致110kV甲升压站2号接地变压器动作跳闸。

（5）35kV丙光伏电站6号进线跳闸，所带20台逆变器因线路失压经过0.15s低电压穿越时间受累停机；6号进线A相接地造成Ⅱ段母线A相电压瞬间降低，持续时间75.62ms，Ⅱ段母线其余78台逆变器低电压穿越投入、动作正确，低电压穿越成功，运行正常。

（6）110kV甲升压站2号接地变压器故障联跳2号主变压器低压侧302断路器回路不完善，未正确动作。

8.3.3 防范措施

（1）提高新能源场站继电保护装置运行管理，加强运维人员的培训力度，提高业务能力。

（2）严格按照规定整定或投入相关保护，确保事故情况下保护正确动作，缩小故障范围。

（3）按照并网技术要求，新能源场站并网前完善接地变压器联跳进线或主变压器低压侧断路器回路。

8.4 保护误动引起跳闸

8.4.1 事故概况

110kV甲升压站110kVⅠ、Ⅱ母分列运行，100母联断路器处热备用。110kV甲升压站2号主变压器运行供35kVⅡ母，35kVⅡ母所带323甲乙风Ⅰ线（乙风电场A回路）、324甲乙风Ⅱ线（乙风电场B回路）、321 2号SVG、322 3号SVG、325乙光线（丙光伏电站）、329 2号接地变压器运行。110kV甲升压站3号主变压器运行供35kVⅢ母，35kVⅢ母所带334甲乙风Ⅲ线（乙风电场C回路）、335甲乙风Ⅳ线（乙风电场D回路）、336甲乙风Ⅴ线（乙风电场E回路）、337甲乙风Ⅵ线（乙风电场F回路）、331 3号接地变压器、332 4号SVG、333 5号SVG运行。

110kV甲升压站2号主变压器高压后备保护复压过电流Ⅱ段动作，2号主变压器低压后备保护复压过电流Ⅱ段动作，2号主变压器102、302断路器跳闸。2号接地变压器329开关柜保护动作指示灯亮，保护装置显示为“过电流保护动作”，动作电流为0.79A，断路器在合位。升压站接线图如图8-7所示。

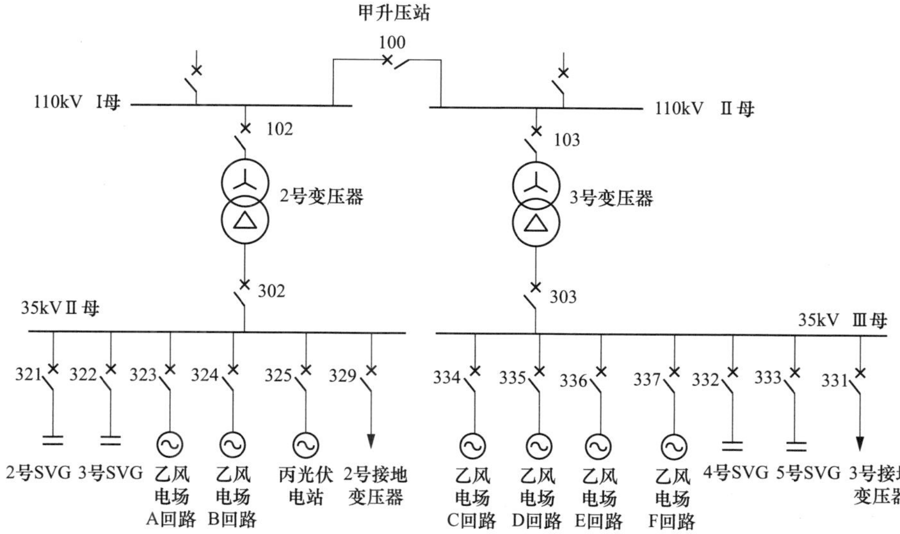

图 8-7　升压站接线图

8.4.2 事故分析

（1）110kV甲升压站35kV一、二次设备，2号主变压器间隔设备未见异常。2号接地变压器329开关柜保护动作指示灯亮，保护装置显示为“过电流保护动作”，动作电流为0.79A，经检查发现2号接地变压器中性点接地电阻接地铜线烧断。

（2）110kV甲升压站2号主变压器保护装置高、低后备保护定值时限录入相同，经与保护定值单核对，发现2号主变压器低后备保护定值时限录入错误。

（3）乙风电场324甲乙风Ⅱ线11号箱式变压器A相高压电缆绝缘击穿，引起A、B、C三相弧光短路，而324线路“保护遥控压板”未投入导致保护拒动，2号主变压器低后备保护定值时限定值录入错误导致越级跳闸。

（4）110kV甲升压站329 2号接地变压器户外成套柜内接地电阻的接地线未接地，造成零序保护拒动。

8.4.3 防范措施

（1）加强电缆头的采购控制，加强施工单位施工质量验收，减少电缆头因质量问题发生故障。

（2）结合现场实际加强继电保护和运行人员技术培训工作，提高培训的针对性和实效性，使运行、检修维护人员熟练掌握设备操作和使用技能。

（3）定期组织开展设备隐患、管理隐患排查治理，对发现的隐患及时安排治理。

（4）加强对施工单位安装调试的监督管理，加强三级验收管理，明确责任主体，督促施工单位尽快消除遗留缺陷，杜绝因人员疏忽导致的继电保护误动作。

（5）严格按照检验规程执行设备调试、定检，运行1年后的保护设备尽快安排检修计划开展定检。

8.5　35kV汇集线保护拒动导致越级跳闸

8.5.1 事故概况

某变电站1、2号主变压器运行，1~12号汇集线运行，1、2号SVG运行，1、2号接地变压器运行。装机容量190MW，总计逆变器1019台；事故前出力130.15MW；事故后出力65.4MW，损失出力64.75MW；停运发电机组（逆变器）538台；停运总计发电容量93.49MW。

某变电站2号接地变压器零序过电流Ⅰ段保护动作（故障电流1.769A，高压侧零序过电流Ⅰ段保护定值为0.8A，0.6s，零序TA变比为100/1）联跳2号主变压器低压侧302断路器。根据现场检查，故障原因为11号汇集线C相接地，因11号汇集线保护未动作，上一级接地变压器保护作为后备保护动作，跳开2号接地变压器321断路器，并联跳2号主变压器302断路器。

8.5.2 事故分析

（1）现场对11号汇集线保护回路进行仔细核查及重新进行保护装置校验后，发现保护装置及回路均无误，核查零序TA时发现11号汇集线326线路零序TA处电缆接地线未穿过零序互感器接地，导致零序TA未正确采集到零序电流，线路零序保护未动作。上一级2号接地变压器零序保护作为后备保护动作，高压侧零序过电流Ⅰ段保护动作，2号接地变压器断路器跳闸并联跳2号主变压器302断路器，造成35kV Ⅱ母失压。

（2）巡查发现11号汇集线19号箱式变压器H326B19处地埋电缆外绝缘被施工人员损伤；对11号汇集线所属箱式变压器电缆进行摇测绝缘，其中19号箱式变压器至11号汇集线开关柜电缆A相93GΩ、B相77.4GΩ、C相10.7MΩ，进一步判断C相绝缘电阻不符合要求。

8.5.3 防范措施

（1）为防止外力破坏，完善所有新能源场站内、外的地埋电缆警示标识并每15m增加电缆标识标桩。

（2）新能源并网前，要求汇集线线路零序TA处电缆接地均符合规范。

（3）现场所有挖机、推土机及其他机械设备工作时，必须要有新能源场站人员现场检查确认后才能开工，并全程监护，在有地埋电气设备区域不允许使用机械设备。

8.6　电流互感器极性接反导致跳闸

8.6.1 事故概况

某光伏电站2号进线零序过电流Ⅰ段保护动作，2号进线柜断路器跳闸。

8.6.2 事故分析

现场进行电流互感器极性试验，电流互感器C411、N411极性反向接入保护装置二次电流回路（见图8-8），串接至故障录波，对电流互感器C相二次接线进行检查，发现电流互感器二次接线柱C411接入IS1端子、N411接入1S2端子（电流互感器P2在母线侧，P1在线路侧）。在进行314电流互感器特性试验时打开了电流互感器二次接线柱，恢复的过程中接线盒恢复错误，导致C相电流互感器极性接反，现场更改接线后，C411、N411极性正确（见图8-9）。

图 8-8　进线柜 C 相 TA 极性错误图

图 8-9　进线柜 C 相 TA 极性正确图

8.6.3 防范措施

（1）全面检查保护装置及核对定值单，防止定值录入错误，造成保护误动。

（2）定期开展保护装置逻辑校验，保护传动、升流、极性试验。

（3）新能源场站常态化开展设备隐患排查治理工作。

（4）加强新能源场站运维人员二次设备及回路的培训。

（5）规范继电保护专业管理。

8.7 风电场设备着火引起风电机组脱网故障

8.7.1 事故概况

某电网运行正常，该电网风电总出力约2140MW，某变电站变压器上网总功率1810MW，电网频率50.04Hz。

某风电场站内两条汇集线过电流保护动作，相继跳闸，损失出力30.6MW，切除风电机组25台，系统电压最低跌至326kV。8min后，某变电站内35kV Ⅱ母电压互感器三相故障着火，2号主变压器低压侧过电流Ⅰ段保护动作，3502断路器越级跳闸，切除风电机组97台，损失出力118MW。造成近区16个风电场均出现电压波动、风电机组脱网，损失出力857MW，共计580台风电机组脱网。

8.7.2 事故分析

（1）某风电场两条汇集线跳闸因电缆施工工艺不良和质量问题造成。

（2）某变电站35kV Ⅱ母电压互感器三相故障着火，因运维人员未将35kV Ⅱ母保护出口压板正确投入，导致35kV Ⅱ母母差保护未动作，2号变压器低压侧过电流Ⅰ段保护动作，低压侧断路器越级跳闸。同时经检查，发现2号变压器低压侧后备保护定值过电流Ⅲ段时限要求应为0.3s，而现场误整定为1.5s，导致故障切除时间较长，期间切除风电机组122台，损失出力约148.6MW。

（3）故障期间330kV系统电压最低跌落至230.6kV，为额定电压的69.88%，由于风电机组不具备低电压穿越能力，造成近区风电场发生大面积风电机组脱网，共计切除风电机组536台，损失出力约794MW。

（4）风电机组脱网后，造成局部电压上升，风电机组因不具备低电压穿越能力，造成风电机组过电压保护动作而大规模脱网，某变电站330kV母线电压升高至366.1kV，风电机组因电压过高而跳闸，共计切除风电机组44台，损失出力约63MW。

8.7.3 防范措施

（1）风电场应加强继电保护装置管理，严格按照规定整定或投入相关保护，确保事故情况下保护正确动作，缩小故障范围。

（2）全面开展风电场场内电缆头隐患排查工作，加强设备运行维护管理，提高设备可靠性，防止因风电场内部故障影响电网安全。

（3）加强风电场调度管理，开展风电场涉网专项检查，对风电机组频率保护、电压保护等进行检查、规范。

（4）按照并网技术要求，并网前风电机组应具备有功功率控制、无功功率控制和低电压穿越能力。

（5）电力系统发生故障、并网点电压出现跌落时，风电场应动态调整机组无功功率和场内无功补偿容量，确保场内无功补偿装置在紧急情况下，能快速正确投切，配合将并网点电压快速恢复到正常范围。

8.8　风电机组馈线故障导致风电场脱网事故

8.8.1 事故概况

某地区主网正常联网运行，该地区电网负荷8330MW，总计外送电力1420MW，发电出力9750MW，其中火电出力7140MW、水电出力860MW、风电总出力1750MW。地区2风电总出力1470MW，地区3风电总出力250MW。

甲风电场311馈线开关柜下侧电缆头发生C相击穿，至11ms后故障演化为三相短路，311断路器过电流Ⅰ段保护动作，1ms后断路器跳闸，切除该馈线所带的全部12台风电机组，损失出力18MW。在此期间750kVA变电站330kV母线电压跌至272kV，之后升高至370kV以上，电压波动造成该地区共598台风电机组跳闸，损失风电出力837MW。同时A变电站1号变压器35kV侧电压跌落至23.45kV。某地区电网接线如图8-10所示。

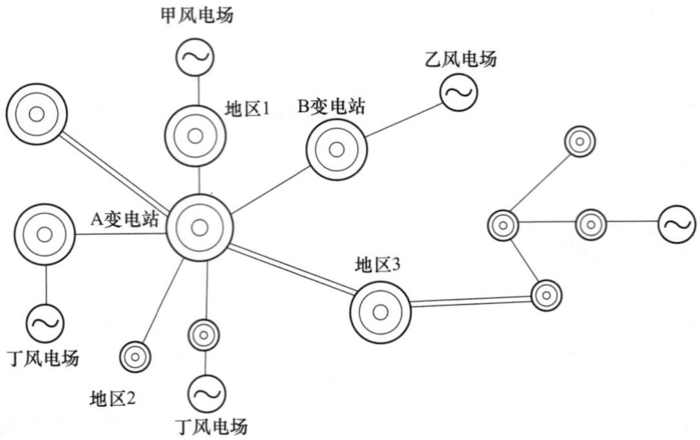

图 8-10　某地区电网接线

8.8.2 事故分析

（1）甲风电场311馈线故障，导致该地区变电站、风电场母线电压大幅跌落，B变电站330kV母线电压最低跌至272kV，故障瞬间，很多风电机组因不满足低电压穿越要求而脱网。

（2）故障前各风电场出力较大，运行的SVC装置均发出大量无功功率，且网内SVC装置因不具备自动投切功能而继续运行，故障后大量风电机组脱网运行，出力减少，造成大量无功功率过剩送入330kV电网，引起系统电压迅速升高。750kVA变电站的330kV母线电压最高达到380kV。受上述电压波动影响，大量风电机组过电压保护动作而脱网。

（3）由于风电机组不满足低电压穿越要求，近区风电机组脱网298台，损失出力413.1MW。

（4）由于风电机组大量脱网，系统无功功率过剩，造成其他风电机组由于电压过高而跳闸，进一步造成电网电压升高，引起过电压保护动作切除风电机组300台，损失出力424MW。

8.8.3　防范措施

（1）各风电场加强设备运行维护管理，定期开展场内电缆头隐患排查工作，提高设备可靠性，防止因风电场内部故障影响电网安全。

（2）加强风电场SVC运行管理，确保SVC正常运行，并按要求整定控制目标电压、运行控制模式。组织分析动态无功补偿装置运行中存在的问题，对各风电场动态无功补偿装置运行性能进行检查。

（3）加强风电场调度管理，开展风电场涉网专项检查。对风电机组频率保护、电压保护等进行检查、规范。

（4）按照并网技术要求，并网前使其具备有功功率控制、无功功率控制和低电压穿越能力。

8.9 AVC 调节策略不合理导致风电场脱网

8.9.1 事故概况

甲风电场通过220kV线路接入乙风电场，并共同接入某500kV变电站。甲风电场装机容量为150MW，乙风电场装机容量为193.5MW。某日1~8时，甲风电场220kV母线电压在220~229kV之间频繁大幅波动，8时3分，甲风电场母线电压为224kV，目标电压值为229kV，此时电压降低，风电场应增发无功功率，但由于AVC软件调节指令下发错误，导致风电机组向系统大量吸收无功功率（动态无功补偿装置未投入），并网点母线电压下降至223kV，风电场机组汇集线电压下降至35kV，而风电机组端电压降低至额定电压的90%以下，持续时间超过6ms，导致55台风电机组因低电压保护动作而脱网，损失出力89MW。

8.9.2 事故分析

甲风电场AVC软件在计算并网点总无功功率目标时，按照变压器高压侧无功功率计算；在计算风电机组无功电源总无功功率目标时，按照变压器低压侧无功功率计算。而下发给无功电源目标功率因数的符号与并网点母线总无功功率目标的符号一致。当无功电源目标无功功率与母线目标无功功率的潮流方向一致时，同时流向系统或同时从系统吸收，则AVC软件调节指令正确。当无功电源目标无功功率与母线目标无功功率的潮流方向不一致时，则同时流向变压器，调节指令错误。

AVC软件在计算得到无功电源目标无功功率与并网点母线目标无功功率的符号不一致时，下发了相反的调节指令，使得本应增发无功功率的风电机组大量吸收无功功率，导致风电机组机端电压低于额定电压的90%，并且持续时间超过6ms，引起风电场风电机组低电压保护动作而脱网。

8.9.3 防范措施

（1）风电场应提高无功功率管理水平，确保无功补偿装置的调节合格率和投入率。

（2）风电场应加强电压运行管理，确保并网点电压在0.9~1.1倍额定电压范围内。

（3）完善AVC软件调节策略，增加风电机组汇集线系统电压和风电机组机端电压安全约束条件，确保母线电压和风电机组电压维持在安全运行范围内。

8.10 新能源场站二次回路缺陷分析

8.10.1 事故概况

330kV甲升压站通过110kV甲乙线运行供110kV乙风电场（线路两侧重合闸在退），110kV甲乙线路保护PSL621UD纵差保护动作，乙风电场甲乙线111断路器由合闸变为分闸，2ms后111断路器由分闸变为合闸，断路器动作异常。55ms后全升压站设备失电，断路器均在运行状态，并网的风电机组全部停机，甲升压站甲乙线112断路器跳闸。

根据甲升压站110kV甲乙线保护测控装置测距14.7km，乙风电场110kV甲乙线保护测控装置测距16.2km，确定故障杆段为从乙风电场向甲升压站方向48~58号铁塔段。

8.10.2 事故分析

（1）巡视至110kV甲乙线53号铁塔时发现B相（中相）绝缘子有放电痕迹，绝缘护套表面有大量鸟粪，判断甲升压站保护动作正确。

（2）乙风电场甲乙风线111线路保护装置PSL621UD防跳回路和111断路器操动机构防跳回路同时使用，造成线路保护装置中防跳继电器因“寄生”回路产生自保持，无法返回，保护装置一直发合闸命令，导致线路故障时，断路器跳闸后又重新合闸。

（3）乙风电场110kV甲乙线路保护装置在区内故障时，差动保护动作跳开断路器，但在没有投入重合闸的情况下断路器自动合上。现场通过测控装置、保护装置、开关柜反复分合断路器，并与后台报文对应查看，发现只要通过操作箱分断路器，后台会显示断路器分-合-分或分-合，而通过就地分断路器则正常，由此判断是操作回路异常。

（4）断路器使用机构防跳，保护防跳也应去除。施工单位保护调试人员在调试过程中虽然已在端子排把防跳继电器的触点固定短接，但没有断开防跳回路电阻，使得防跳产生寄生回路，去除防跳回路电阻后，断路器分合正常。

8.10.3 防范措施

（1）新能源场站在线路铁塔上安装适当数量的防鸟刺，加大鸟害区段巡视频次，加大驱鸟力度。

（2）加强对施工单位安装调试的监督管理，在继电保护装置调试过程中要严谨。

8.11 分布式电源接入造成保护误动

8.11.1 事故概况

如图 8-11 所示，A 变电站低压侧 10kV 母线分列运行，分段备自投投入，1QF、2QF、3QF 均配置三段式电流保护，L1、L2 线路重合闸投入，2QF 检无压，L2 线 T 接分布式电源。A 变电站 L1、L2 线路保护动作，断路器跳闸，L1 线路重合不成功，L2 线路未重合。

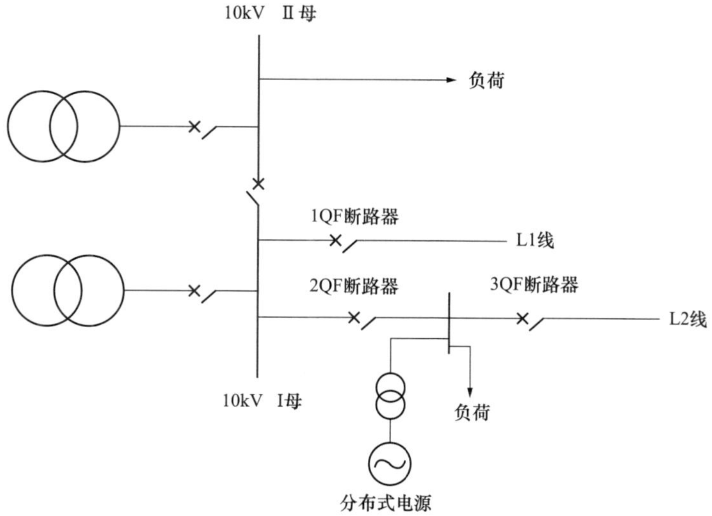

图 8-11　变电站接线图

8.11.2 事故分析

（1）L1、L2线路跳闸，L1线路重合不成功，可以判断L1线路存在故障；L2线路未重合，现场检查正常后，由于线路上分布式电源的存在导致不满足检无压重合闸的要求，故而未重合。

（2）L2线路试送成功，说明L2线路无永久性故障。L1线路试送后两条线路又同时跳闸，判断故障点在L1线路上，L2线路上无永久性故障，由于分布式电源向故障点提供的短路电流过大，造成L2线路保护误动。

（3）由于分布式电源的存在，当L1线路发生故障时，系统电源和分布式电源同时向故障点提供短路电流，此时流过L1线路断路器的短路电流增加，提高了L1线路断路器保护的灵敏度，此时如果L2线路2QF断路器流过由分布式电源提供的短路电流足够大，可能导致2QF断路器误动并切除该线路，造成分布式电源形成孤岛，最终自行解列。

8.11.3 防范措施

（1）双电源线路配置带方向的过电流保护，避免相邻线路发生故障时本线路分布式电源反向电流的影响。

（2）可以适当限制分布式电源的容量，减小故障时短路电流的影响。